U0663702

建筑工人岗位培训教材

电气设备安装调试工

本书编审委员会　编写

胡先林　主编

中国建筑工业出版社

图书在版编目（CIP）数据

电气设备安装调试工/《电气设备安装调试工》编审委员会编写. —北京：中国建筑工业出版社，2018.9
建筑工人岗位培训教材
ISBN 978-7-112-22516-3

Ⅰ.①电… Ⅱ.①电… Ⅲ.①电气设备-建筑安装-技术培训-教材 Ⅳ.①TU85

中国版本图书馆 CIP 数据核字（2018）第 177298 号

本书是根据《建筑工程安装职业技能标准》JGJ/T 306—2016 对工人的等级要求结合现行行业标准、规范、"四新技术"等内容，重点以中级工（四级）为主要培训对象，同时兼顾初级工（五级）、高级工（三级）的培训要求编写的电气设备安装调试工培训教材。书中重点突出电气设备安装调试工操作技能的训练要求，辅以适当的理论知识。文字通俗易懂、逻辑清晰、表述规范，图文并茂，适合现代工人培训及学习使用。

责任编辑：高延伟　李　明　李　慧
责任校对：党　蕾

建筑工人岗位培训教材
电气设备安装调试工
本书编审委员会　编写
胡先林　主编

*

中国建筑工业出版社出版、发行（北京海淀三里河路9号）
各地新华书店、建筑书店经销
北京红光制版公司制版
北京建筑工业印刷厂印刷

*

开本：850×1168 毫米　1/32　印张：7⅜　字数：197 千字
2018 年 9 月第一版　2018 年 9 月第一次印刷
定价：**23.00** 元
ISBN 978-7-112-22516-3
（32578）

建筑工人岗位培训教材
编审委员会

出　版　说　明

　　国家历来高度重视产业工人队伍建设，特别是党的十八大以来，为了适应产业结构转型升级，大力弘扬劳模精神和工匠精神，根据劳动者不同就业阶段特点，不断加强职业素质培养工作。为贯彻落实国务院印发的《关于推行终身职业技能培训制度的意见》（国发〔2018〕11号），住房和城乡建设部《关于加强建筑工人职业培训工作的指导意见》（建人〔2015〕43号），住房和城乡建设部颁发的《建筑工程施工职业技能标准》、《建筑工程安装职业技能标准》、《建筑装饰装修职业技能标准》等一系列职业技能标准，以规范、促进工人职业技能培训工作。本书编审委员会以《职业技能标准》为依据，组织全国相关专家编写了《建筑工人岗位培训教材》系列教材。

　　依据《职业技能标准》要求，职业技能等级由高到低分为：五级、四级、三级、二级、一级，分别对应初级工、中级工、高级工、技师、高级技师。本套教材内容覆盖了五级、四级、三级（初级、中级、高级）工人应掌握的知识和技能。二级、一级（技师、高级技师）工人培训可参考使用。

本系列教材内容以够用为度，贴近工程实践，重点突出了对操作技能的训练，力求做到文字通俗易懂、图文并茂。本套教材可供建筑工人开展职业技能培训使用，也可供相关职业院校实践教学使用。

为不断提高本套教材的编写质量，我们期待广大读者在使用后提出宝贵意见和建议，以便我们不断改进。

本书编审委员会

2018 年 6 月

前　言

根据住房和城乡建设部发布的《建筑工程安装职业技能标准》JGJ/T 306—2016 要求，为了提高电气设备安装调试工技术素质及能力，提高电气设备安装质量水平，确保从事电气设备安装调试人员的技术能力，编写本书。

教材以中级工（四级）为主要培训对象，同时兼顾高级工（三级）、初级工（五级）的培训要求。

本书共分为九章，内容包括：安全生产常识，基础知识，高低压电器控制、防护系统安装，变压器安装，旋转电机安装，电梯安装，其他动力设备电气设备安装，建筑智能化、特殊电气安装，电气工程竣工验收与试运行。介绍了电气安装调试工应掌握的电气安装、调试技能及安全管理知识，帮助其提高电气安装调试知识水平及实际操作技能。

本书内容全面，图文并茂，针对变压器、电机等电气设备的安装方法及工艺进行详细描述，力求文字通俗易懂，内容及顺序尽量根据从简到繁、实际施工顺序进行编排，具有较强的针对性、实用性及适用性；本书不仅涵盖了先进、成熟、实用的安装技术，还包括了住房和城乡建设部推广的"十项新技术"中的导线连接器应用技术、超高层垂直高压电缆敷设技术等，是建筑电气安装调试工培训考核的重要学习教材，也是广大从业人员进行自学及高职院校学生学习的参考用书。

本书由安徽水安建设集团股份有限公司胡先林、王一平、叶礼宏、唐绪好、王涛、吴国龙、尤名、吴健等编写，由胡先林统稿并主编，在编写过程中得到了安徽省建设干部学校的大力支持，表示感谢。同时编写中参考了大量的相关教材，对这些资料的编写者一并表示感谢，但由于编者专业水平及实践经验有限，书中难免有遗漏及不妥之处，诚恳的希望专家和广大读者批评指正。

目　　录

一、安全生产常识 ································· 1
　　(一) 安全生产操作规程 ···················· 1
　　(二) 用电安全 ···························· 3
二、基础知识 ······························· 6
　　(一) 电子技术 ···························· 6
　　(二) 电气识图 ·························· 14
　　(三) 常用安装工具 ······················ 20
　　(四) 预埋件加工及安装 ·················· 34
　　(五) 施工管理知识 ······················ 38
三、高低压电器控制、防护系统安装 ··········· 41
　　(一) 电线电缆、母线安装 ················ 41
　　(二) 负荷开关、隔离开关 ················ 57
　　(三) 断路器 ···························· 62
　　(四) 互感器 ···························· 66
　　(五) 避雷器 ···························· 69
　　(六) 高低压开关柜 ······················ 71
　　(七) 电气照明 ·························· 76
　　(八) 防雷、接地装置安装 ················ 78
四、变压器安装 ··························· 82
　　(一) 变压器分类 ························ 82
　　(二) 变压器搬运 ························ 84
　　(三) 变压器吊芯检查、干燥 ·············· 88
　　(四) 变压器的核相序、交接试验 ·········· 92

五、旋转电机安装 ………………………………………… 94

　（一）电机分类 …………………………………………… 94

　（二）电机构造和特点 …………………………………… 94

　（三）电机接线方法 ……………………………………… 96

　（四）电机常见故障的分析判断方法 …………………… 98

　（五）电机抽芯和线圈干燥 ……………………………… 99

　（六）电动机安装 ……………………………………… 102

　（七）电动机的试运行 ………………………………… 102

六、电梯安装 …………………………………………… 105

　（一）电梯的基本构成与规格参数 …………………… 105

　（二）电梯调试前的电气检查 ………………………… 108

　（三）电梯的基本功能调试 …………………………… 110

　（四）电梯电气故障排除 ……………………………… 112

七、其他动力设备电气设备安装 ……………………… 117

　（一）锅炉类电气设备 ………………………………… 117

　（二）泵类电气设备 …………………………………… 119

　（三）冷冻冷水机类电气设备 ………………………… 122

　（四）通风、空调机类电气设备 ……………………… 126

　（五）通用机床类电气设备 …………………………… 129

　（六）焊接、电热设备 ………………………………… 137

八、建筑智能化、特殊电气安装 ……………………… 142

　（一）智能化系统组成 ………………………………… 142

　（二）智能化系统安装 ………………………………… 143

　（三）特殊电气安装 …………………………………… 163

九、电气工程竣工验收与试运行 ……………………… 172

　（一）试运行 …………………………………………… 172

　（二）竣工验收 ………………………………………… 173

习题 ……………………………………………………… 177

参考文献 ………………………………………………… 225

一、安全生产常识

（一）安全生产操作规程

1. 调试维修部分

（1）工作前必须穿戴好防护用具，上班不准喝酒，不准打闹、玩笑，精神要集中。

（2）检修任何电器设备时，一律禁止带电工作。

（3）检修电器线路时，应在此线路的开关处挂上明显的停电安全警示牌。检修完毕后应由检修负责人清点人员、工具等，并撤去安全警示牌方可送电。

（4）检修完毕后必须戴好绝缘手套，穿好绝缘鞋，方可送电试车。

（5）各种电器设备检修完毕后，需要进行绝缘等相关试验，试验合格，方准使用。

（6）设备安装时，必须核验相序是否正确，以免伤人及发生机器事故。

（7）手持电动工具必须在操作者控制下方可通电。

（8）电工所使用工具的绝缘手把，每次使用前必须检查。

（9）电气安装调试工在维修电气设备后必须和使用机械设备工作人员共同试车，严禁单独试车。

（10）所有电气安装调试工必须经培训合格，取得相应的资格证书，并持证上岗。

（11）拆机械前，应由电气安装调试工切断电源，再将拆后留下的电源线头包上绝缘胶布。

（12）各种电气设备在维修后、运行前必须作电气试验，绝缘是否符合安全要求，地线和零线是否可靠。对电气线路及电气设备应定期安排清扫及检修，每年不得少于 2 次。

（13）车间内外不准乱拉临时线，必须安装时要采取可靠安全措施，用后立即拆除，最长不得超过 3 个月。

2. 安装部分

（1）高低压电器装置的区别：对额定电压交流 1kV 及以下、直流 1.5kV 及以下的应为低压电器设备、器具和材料；对额定电压大于交流 1kV，直流 1.5kV 以上的应为高压电器设备、器具和材料；小于 36V 为安全电压，小于 12V 为绝对安全电压。

（2）一切电气线路和设备使用或检修时，未经检查注明无电时，一律按有电处理。

（3）临时接地线操作：

临时接地线是在电气设备检修时，将检修停电区与非停电区用短路接地的方式隔开并保护起来的一种安全用具。

使用临时接地线要注意的操作顺序是：先停电，再验电，确认无电才能挂接地线，接线时，一定要先接接地端，再接线路端。拆除时顺序相反，一定要先拆线路端，后拆接地端，以防在挂、拆过程中突然来电，危及操作人员安全。临时接地线要用多股软铜线制作，截面积不得小于 25mm^2。

在工作电路有双路及备用电源的，在工作地两端接地后，并在与工作线路的交叉点接地，支线也应接地。

（4）使用基本安全用具首先要查看耐压试验的合格证及试验日期。这些信息一般都用标签的形式粘贴在用具上，基本安全用具的耐压试验周期一般为一年。如果超过期限，必须重新检测后方可使用。使用辅助安全用具，除了按照上述要求检查之外，还要做一些性能检验，如：绝缘手套要做充气检验，看一下是否漏气。直接安全用具与辅助安全用具是同时配合使用的。

（5）高压验电器应自检合格后再用。使用时应逐渐接近电源，不可直接碰触电源。

（6）钳子、扳手不许当锤子用，螺丝刀不许当凿子用，电工刀使用后应合上，不准伸出带在身上。

（二）用 电 安 全

1. 通用用电安全要求

（1）用电单位应对使用者进行用电安全教育和培训，使其掌握用电安全的基本知识和触电急救知识。

（2）主要设备、材料、成品和半成品进厂检验结论应有记录，确定符合相关规定才能在施工中使用，如有异议送有资质实验室进行抽样检测，实验室应出具检测报告，确定符合相关技术规范规定要求时才能在施工中使用，也应提供安装、使用、维修和实验要求等技术文件。

（3）电气装置在使用前，应认真阅读产品说明书，了解使用时可能出现的危险以及相应的预防措施，并按产品使用说明书的要求正确使用。

（4）任何电气装置都不应长时间过负荷运行或带故障运行。

（5）用电设备和电气线路的周围应留有足够的安全通道和工作空间。电气装置附近不应堆放易燃、易爆和腐蚀性物品。禁止在架空线上放置或悬挂物品。

2. 防触电及电气火灾安全要求

（1）用电设备的配电系统软线中的绿/黄双色线在任何情况下只能用作保护线。

（2）用电设备的配电箱（板）应采用完整的、带保护线的多股铜芯电缆作电源线，同时应装设漏电保护器。

（3）插头与插座应按规定正确接线，插座的保护接地线在任何情况下都必须单独与保护零线可靠连接。严禁在插头（座）内将保护零线与工作中性线连接在一起。

（4）正常使用时会产生飞溅火花、灼热飞屑或外壳表面温度较高的用电设备，应远离易燃物质或采取相应的密闭、隔离措施。当发生电气火灾时，应立即就近断开电源，并采用电气类消防器材进行灭火。

（5）用电设备在暂停或停止使用、发生故障或遇突然停电时均应及时切断电源，并采取相应的安全措施。

（6）当保护装置动作或熔断器的熔体熔断后，应先查明原因、排除故障，并确认电气装置已恢复正常后才能重新接通电源、继续使用。更换熔体时不应任意改变熔断器的熔体规格或用其他导线代替。

（7）当电气装置的绝缘或外壳损坏，可能导致人体触及带电部分时，应立即停止使用，并及时修复或更换。

（8）当发生人身触电事故时，应立即断开电源，使触电人员与带电部分脱离，并立即进行急救。在切断电源之前禁止其他人员直接接触触电人员。

（9）用电设备的配电系统应定期检查，对安全隐患必须及时处理，并应履行复查验收程序。

（10）电气设备（如电机、变压器、电器、照明机具、手持式电动工具的金属外壳，电气设备传动装置的金属部件，配电柜与控制柜的金属框架等）不带电的外露可导电部分应做保护接零。

（11）同一台电气设备的重复接地和防雷接地可共用同一接地体，但接地电阻应符合重复接地电阻值的要求。

3. 配电箱使用及电缆敷设安全要求

（1）临时配电箱应装设电源隔离开关及短路、过载、漏电保护器，设置应符合施工用电规范要求。

（2）场区配电箱、开关箱应装设在干燥、通风及常温场所，不得装设在有严重损伤作用的瓦斯、烟气、潮气及其他有害介质中，也不得装设在易受外来物体撞击、强烈震动、液体浸溅及热源烘烤场所。否则应予清除或做防护处理。

（3）配电箱均应标明其名称、用途，并作出分路标记。

（4）所有配电箱、开关箱应定期进行检查和维修。检查、维修人员必须是专业电工。检查维修时必须按规定穿戴绝缘鞋、绝缘手套，必须使用电工绝缘工具。

（5）对配电箱，开关箱进行检查、维修时，必须将其前一级相应的电源开头分闸断电，并悬挂停电标志牌，严禁带电作业。

（6）配电箱、开关箱的进线和出线不得承受外力。严禁与金属尖锐断口和强腐蚀介质接触。

4. 作业场所照明系统安全要求

（1）在一个工作场所内不得只设局部照明，停电后操作人员需及时撤离的施工现场必须装设有自备电源的应急照明。

（2）照明电器的选择，应按下列环境条件确定：

1）正常湿度的一般场所，选用开启式照明器。

2）潮湿或特别潮湿场所，选用密闭性防水照明器，或配有防水灯头的开启式照明器。

3）含有大量烟尘，但无火灾和爆炸危险的场所，选用防尘型照明器。

4）有火灾和爆炸危险的场所，按危险等级选用防爆型照明器。

5）存在较强振动的场所，选用防振动性照明器。

6）有酸碱等强腐蚀性场所，选用耐酸碱型照明器。

（3）无自然采光的地下大空间施工场所，应编制单项照明用电方案。

（4）下列特殊场所应选用安全特低电压照明器：

1）隧道、人防、高温、有导电灰尘、比较潮湿或灯具距地面高度低于 2.5m 等场所的照明，电源电压不得大于 36V。

2）潮湿和易触及带电场所的照明，电源电压不得大于 24V。

3）特别潮湿场所、导电良好的地面、锅炉或金属容器内的照明，电源电压不得大于 12V。

二、基 础 知 识

（一）电 子 技 术

1. 电子元器件

电子元器件通常分为电阻（R）、电容（C）、电感（L）、磁珠、二极管（D）、三极管（Q）、晶体管（X）和集成 IC（U）等七类。

（1）电阻（R）

主要作用是稳定和调节电路中的电流和电压，作为分流器、分压器和消耗电能的负载使用。

常见的电阻有：金属膜电阻器、碳膜电阻器、线绕电阻器、电位器、电阻网络器、热敏电阻器等。不同的电阻器，不仅其电阻值不同，功能也不一样，所以不同的电阻器是不可以随便替代的。

电阻的单位是欧姆（Ω），千欧（kΩ），兆欧（MΩ）。

（2）电容（C）

两块互相靠近但被彼此绝缘的金属片就可以构成一个电容，它是一种储能的元件。两块金属片之间的绝缘材料叫做绝缘介质。在电路图中电容器用字母"C"表示，基本单位是"法拉"简称"法"，用字母"F"来表示。

电容的种类很多，按结构分有固定电容、可变电容、微调电容；按介质材料分有纸介电容、瓷介电容、玻璃釉电容、独石电容、涤纶电容、云母电容、铝电解电容、钽电解电容、聚苯乙烯电容、聚碳酸酯薄膜电容等；按极性分有有极性电容和无极性电容；按安装结构有直插式电容和贴片电容。

电容的单位除了法（F）之外，还有微法（μF）、纳法（nF）和皮法（pF）。

（3）电感（L）、磁珠

1）电感

电感线圈就是由导线一圈一圈地绕在绝缘管上，导线彼此互相绝缘，而绝缘管可以是空心的，也可以包含铁芯或磁粉芯，简称电感，它也和电容一样是储能元件，在电路上用"L"来表示，基本单位是亨利，用字母"H"表示。

电感的分类有多种形式，按电感形式分有固定电感、可变电感；按导磁体性质分有空心线圈、铁氧体线圈、铁心线圈、铜芯线圈；按工作性质分有天线线圈、振荡线圈、扼流线圈、陷波线圈、偏转线圈；按绕线结构分有单层线圈、多层线圈、蜂房式线圈；按工作频率分有高频线圈、低频线圈等。

电感的单位除了亨利（H）以外，还有毫亨（mH）和微亨（μH）。

2）磁珠

磁珠的主要原料为铁氧体。铁氧体是一种立方晶格结构的亚铁磁性材料。它的制造工艺和机械性能与陶瓷相似，颜色为灰黑色。磁珠等效于电阻和电感串联，但电阻值和电感值都随频率变化。

磁珠与电感的区别在于单位和用途不同。电感的单位是 H，而磁珠的单位是 Ω。因为磁珠的单位是按照它在某一频率产生的阻抗来标称的。用途方面，电感是储能元件，多用于电源滤波回路，侧重于抑制传导性干扰。而磁珠是能量转换（消耗）器件多用于信号回路，主要用于 EMI 方面，用来吸收超高频信号。

（4）二极管（D）

在半导体材料硅或锗晶体中掺入三价元素杂质可构成缺壳粒的 P 型半导体，掺入五价元素杂质可构成多余壳粒的 N 型半导体。两种半导体接触在一起的点或面构成 PN 结，由 PN 结构成二极管。

二极管种类有很多，按照所用的半导体材料可分为锗二极管和硅二极管。根据其用途可分为检波二极管、整流二极管、稳压二极管、开关二极管等。按照管芯结构又可分为点接触型二极管、面接触型二极管及平面型二极管。

（5）三极管（Q）

半导体三极管有两大类：双极型半导体三极管和场效应半导体三极管。场效应管在集成电路中经常用到，这里只介绍双极型三极管。

双极型三极管（BJT）的结构是通过一定的工艺，将两个PN 结合在一起的器件，由于 PN 结的相互影响，使 BJT 表现出不同于单个 PN 结的特性而具有电流放大作用，BJT 又常称为晶体管。

BJT 的种类按频率分，有高频管、低频管；按功率分，有小功率管、大功率管；按半导体材料分，有硅管、锗管；按结构分，有 NPN 型三极管和 PNP 型三极管；按结构分，有直插式三极管和贴片三极管等。

（6）集成电路 IC（U）

我们通常把一个电子单元电路或某些功能、甚至某一整机的功能电路制作在一个晶片或瓷片之上，再封装在一个便于安装焊接的外壳之中。半导体集成电路习惯称"集成块"或"集成片子"，英文缩写"IC"，在线路板上一般用"U"表示。

集成电路按封装形式可分为，双排直插（DIP）、双排贴片（SOT）、四方贴片（QFP）、底部引脚贴片（BGA）；按封装材料分为，塑封 IC 和陶瓷 IC。

除以上介绍的电子元器件以外还有如：开关、插座、晶振、光电耦合器、变压器、保险管等常见电子元器件，在这里不再详述。

2. 晶体管电路

晶体管电路就是运用半导体的性质、晶体管的作用，利用制造出的晶体二极管、晶体三极管与电阻、电容、电感、变压器等一系列电子元器件组成各种不同的电路，这些电路包括各种放大电路、功率放大电路、高频放大电路、振荡电路、频率变换电路、调制与解调电路、电源电路、脉冲电路等，如图 2-1～图 2-3 所示。

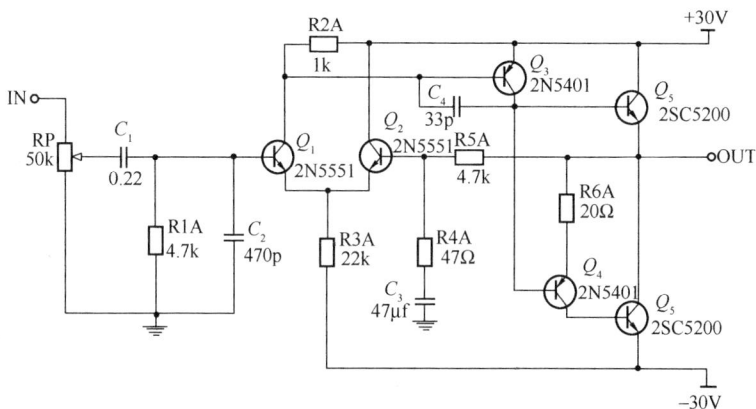

图 2-1　50W 晶体管功放电路图

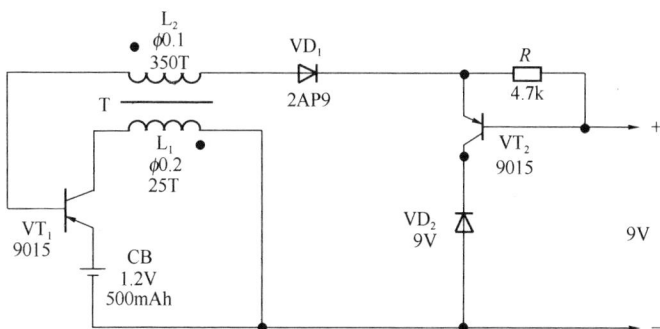

图 2-2　三极管升压电路

3. 整流与稳压电路

电子电路工作时都需要直流电源提供能量，电池因使用费用

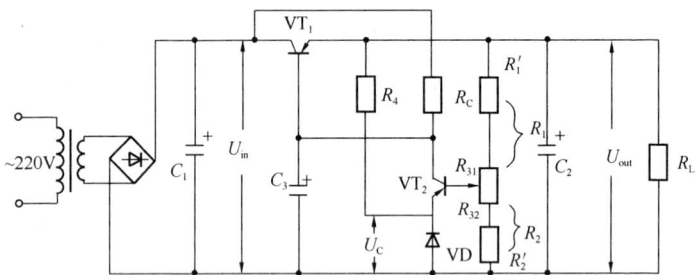

图 2-3 串联型晶体管稳压电源的原理及电路图

高，一般只用于低功耗便携式的仪器设备中。整流与稳压电路就是把交流电源变换为直流稳压电源。整流电路是将工频交流电源转换为脉动直流电。稳压电路则是采用负反馈技术，对整流后的直流电压进一步进行稳定，如图 2-4 所示。

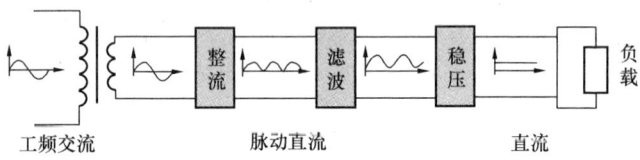

图 2-4 交流电源变直流电源的流程图

（1）整流电路

1）半波整流电路

半波整流就是利用二极管的单向导电性能，使经变压器出来的电压 V 只有半个周期可以到达负载，如图 2-5 所示。

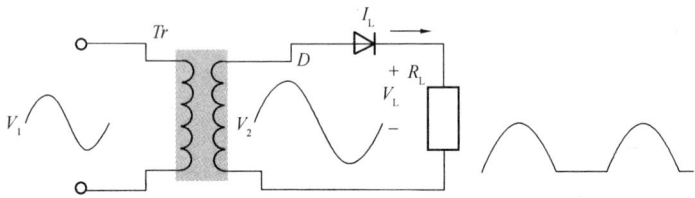

图 2-5 半波整流电路

2）全波整流电路

利用副边有中心抽头的变压器和两个二极管构成了全波整流电路，这样正负半周都有电流流过负载，提高了整流效率，如图2-6所示。

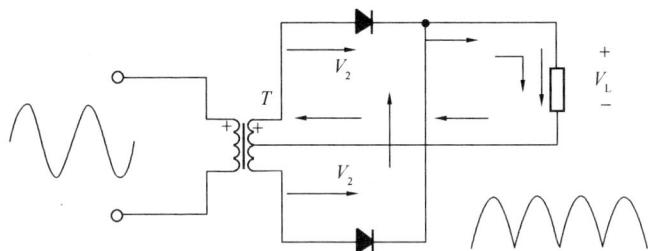

图 2-6　全波整流电路

3）单相桥式整流电路

单向桥式整流电路是最基本的将交流转换为直流的电路，在分析整流电路工作原理时，整流电路的二极管具有单向性导电性。当正半周时，二极管 D_1、D_3 导通，在负载电阻上得到正玄波的正半周。当负半周时。二极管 D_2、D_4 导通，在负载电阻上得到正玄波的负半周。在负载电阻上正、负半周经过合成，得到的是同一个方向的单向脉动电压，如图2-7所示。

（2）稳压电路

我们知道稳压电路是一种能够为负载设备提供稳定的交流电源或者直流电源的电子装置，由此稳压电源通常也就分成交流稳压电源和直流稳压电源。

1）交流稳压电源

交流稳压电源的稳压方式大致有三种：第一种为机械调压稳压式，即用电子电路控制步进电机调节调压器来稳压，这种稳压电源结构简单、功率可大可小，但响应速度慢、稳压精度低，只能输出与市电频率一样的电压；第二种为脉冲调宽（PWM）逆变稳压式，这种方式功率范围宽，但纹波大，波形失真大；第三

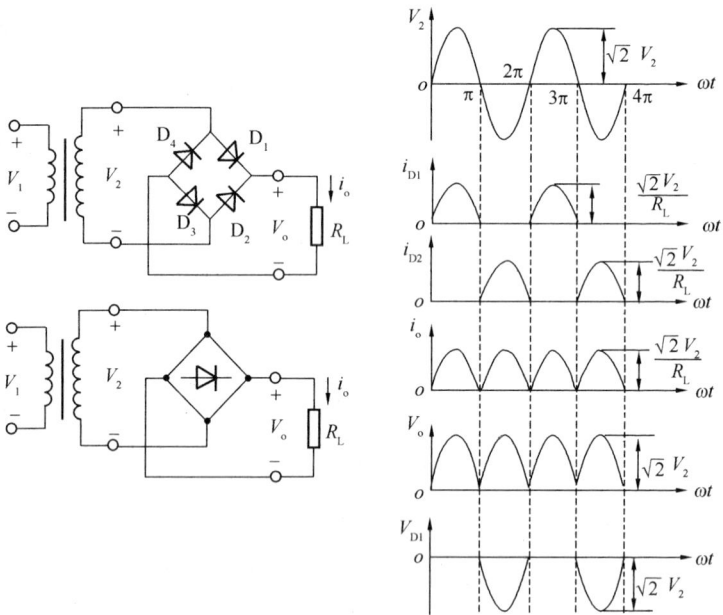

图 2-7　单相桥式整流电路

种是线性放大逆变稳压式，该方式稳压精度高、响应快、失真小、频率可调，但效率低。

　　2）直流稳压电源

　　直流稳压电源从工作方式上可分为：

　　① 可控整流性。用改变晶闸管的导通时间来调整输出电压。

　　② 斩波型。输入是不稳定的直流电压，以改变开关电路的通断比得到单向脉动直流，再经滤波后得到稳定的直流电压。

　　③ 变换器型。不稳定直流电压先经逆变器变换成高频交流电，再经变压、整流、滤波后，从所得新的直流输出电压取样，反馈控制逆变器工作频率，达到稳定输出直流电压的目的。

　　经整流滤波后输出的直流电压，虽然平滑程度较好，但其稳定性仍比较差。经整流滤波后的直流电压必须采取一定的稳压措施才能适合电子设备的需要。常用的直流稳压电路有并联型和串联型稳压电路两种类型，如图 2-8、图 2-9 所示。

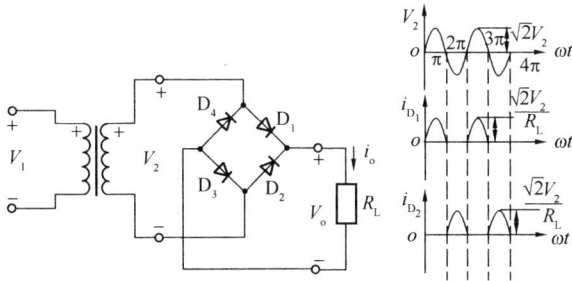

图 2-8　并联型直流稳压电路

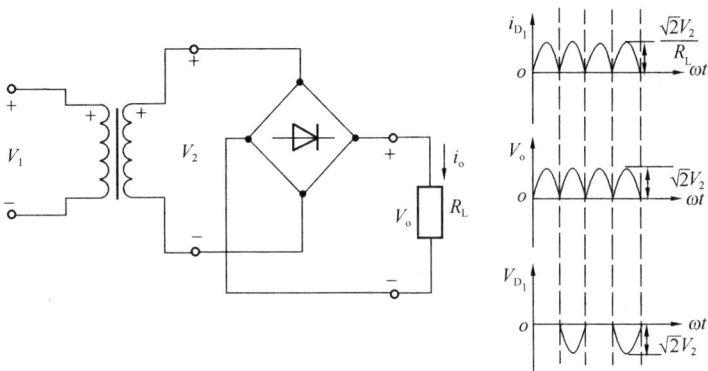

图 2-9　串联型直流稳压电路

4. 数字集成电路

数字集成电路是基于数字逻辑（布尔代数）设计和运行的，用于处理数字信号的集成电路。根据集成电路的定义，也可以将数字集成电路定义为：将元器件和连线集成于同一半导体芯片上而制成的数字逻辑电路或系统。根据数字集成电路中包含的门电路或元、器件数量，可将数字集成电路分为小规模集成（SSI）电路、中规模集成（MSI）电路、大规模集成（LSI）电路、超

13

大规模集成（VLSI）电路、特大规模集成（ULSI）电路和巨大规模集成电路（GSI）。

小规模集成电路包含的门电路在 10 个以内，或元器件数不超过 10 个；中规模集成电路包含的门电路在 10～100 个之间，或元器件数在 100～1000 个之间；大规模集成电路包含的门电路在 100 个以上，或元器件数在 1000～10000 个之间；超大规模集成电路包含的门电路在 1 万个以上，或元器件数在 100000～1000000 之间；特大规模集成电路的门电路在 10 万个以上，或元器件数在 1000000～10000000 之间。随着微电子工艺的进步，集成电路的规模越来越大，简单地以集成元件数目来划分类型已经没有多大的意义了，目前暂时以"巨大规模集成电路"来统称集成规模超过 1 亿个元器件的集成电路。

5. 晶体管技术应用

在晶体管诞生之后，便被广泛地应用于各个行业和领域。日常生活中的变频空调、洗衣机；工业领域的变频器、电焊机、伺服驱动器、逆变电源、感应加热；高端领域的机车牵引，包括现在的动车、高铁；风力发电等；但概括来说晶体管的用途主要是作为放大器，应用在电源串联调压电路，音频和超声波放大，应用于交流传动，逆变器和开关的电源和在电视机行输出电路，电机控制和汽车电子等领域，作为大功率半导体开关等三方面。

（二）电 气 识 图

1. 常用图标及图示

常用电气图标及图示如图 2-10 所示。

2. 电气工程图的分类

电气工程图是表示电力系统中的电气线路及各种电气设备、元件、电气装置的规格、型号、位置、数量、装配方式及其相互关系和连接的安装工程设计图。

（1）按照表达形式和用途的不同电气图可分为：系统图或框

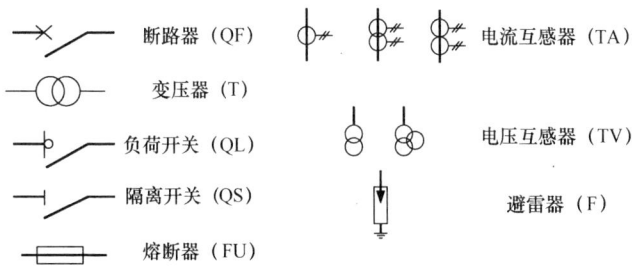

图 2-10　常用电气图及图示

图、电路图、功能图、逻辑图、功能表图、等效电路图、程序图、设备元件表、端子功能图、接线图或接线表、数据单、位置简图或位置图等 12 类。

（2）按电气规模大小通常分为内线工程和外线工程，其中内线工程包括：照明系统图、动力系统图、变配电系统图、电话系统图、防雷系统图、消防系统图、广播电视系统图空调系统图和放到保安系统图等；外线工程包括：架空线路图、电缆线路图、室外电源配电线路图等。

（3）具体到电气设备安装施工，按其表现的内容不同分为以下几种类型：

1）首页：主要内容包括目录和前言两大部分。目录主要有序号、图纸名称、编号和张数；前言主要是设计说明、图例和设备材料明细表等。

2）电气平面图：表示电气设计各项的平面布置图，根据使用要求不同分为电气照明平面图、电力平面图、弱电系统平面图、防雷平面图等。

3）电气系统图：从总体上描述系统，它是各种电气成套电气图的第一张图，是编制更为详细的其他电气图的基础，是进行有关电气计算，选择主要电气设备，拟定供电方案的依据，具体体现的内容为电源引线、干线和分干线的规格和型号、相数及线路编号、设备型号及电气设备安装容量等。

4) 电气控制原理图：在一般施工中，由于电气设备使用的是定型产品，原理图一般附于产品说明书内。

5) 电气材料表：是把某一电气工程所需主要设备、元件、材料和有关数据列成表格，表示其名称、符号、型号、规格、数量、备注等内容。它一般置于图中的某一位置，应与图联系起来阅读。

3. 识图方法

（1）详细查看图纸目录

电气施工图的首页通常有一张图纸目录表，表中注明了电气图的名称、内容、编号等，例如照明包含照明平面图、电气系统图和接线原理图等。通过图纸的目录表可以了解该单位工程共有多少张图纸，并核对图纸的名称及内容是否与目录一致，某一部分工程内容在哪一张图纸上，所以，图纸目录为查阅图纸提供了便利。

（2）认真阅读设计说明，看懂图例符号

在阅读供电系统图时，要重点了解供电方式、配电回路分布于电气设备的连接情况，从而实现对电气系统的全面了解。

（3）抓住电气工程图要点识图

以室内电气照明为例，应注意抓住以下要点识图。

1) 了解电源的由来。根据《供配电系统设计规范》GB 50052—2009 的有关规定一级、二级负荷均为重要负荷。一级负荷通常要求两路独立电源供电；二级负荷宜采用两路独立电源。

2) 了解电源进户方式。如室内电源是从室外低压架空线路引入，在室外应敷设进户装置。由进户支架引至总配电箱的线路称为进户线。

3) 明确配电回路相序、路径、敷设方式以及导线型号、根数。应按设计所确定的相序从配电箱引出配电回路，以满足使三相负荷接近平衡的设计要求，明确各回路的路径、供电区域。

4）明确电气设备、器件的平面安装位置。应弄清楚配电箱、灯具、开关、插座等在平面图上的安装位置及安装高度和安装方式，以便据此确定线路的最佳路径，确定穿墙套管或穿越楼板保护管、接线盒等器件的平面位置。

5）结合有关土建工程图阅读电气照明图。室内电气照明工程与土建结合非常紧密。因为照明平面图只能反映所有电气设备的平面布置情况，但实际还有一个立体布置的问题。因此，这就要求必须结合有关土建工程图进行研究，以了解电气照明系统的整体布设的全貌。

4. 符号及图示

（1）基本文字符号

基本文字符号

表 2-1

符号	描述	符号	描述	符号	描述
C	电容器	EH	发热器件	EL	照明电
FU	熔断器	FV	限压保护器件	GS	同步发电机
GB	蓄电池	HA	报警器	HL	指示灯
KM	接触器	KR	热继电器	KT	延时继电器
MS	同步电动机	MT	力矩电动机	PA	电流表
PV	电压表	QF	断路器	TA	电流互感器
TC	电源互感器	TV	电压互感器	XB	连接片
XS	插座	XT	端子排	YA	电磁铁
EV	空气调节器	YV	电磁阀	L	电感器
GA	异步发电机	M	电动机	PJ	电度表
KA	过流继电器	QS	隔离开关	YM	电动阀
PS	记录仪表	QM	电动机保护开关	XP	插头
XJ	测试插孔	FA	带瞬时动作的限流保护器件		
FR	带延时动作的限流保护器件	FS	带瞬时、延时动作的限流保护器件		

（2）辅助文字符号

辅助文字符号

表 2-2

符号	描述	符号	描述	符号	描述
A	电流、模拟	R	记录、反	MAN	手动
ADJ	可调	STP	停止	P	压力、保护
BL	蓝	WH	白	RD	红
D	延时、数字	AC	交流	ST	启动
F	快速	AUX	辅助	SYN	同步
IN	输入	BW	向后	YE	黄
M	主、中继线	DC	直流	AUT	自动
OUT	输出	FB	反馈	ASY	异步
S	信号	INC	增	C	控制
DEC	减	FW	向前	IND	感应
N	中性线	PE	保护接地	RST	复位
SET	置位、定位	T	温度、时间	ACC	加速
BRK	制动	CW	顺时针	E	接地
GN	绿	L	低、限制	OOF	断开
STE	步进	RES	备用	SAT	饱和
TE	无干扰接地	ADD	附加	BK	黑
CCW	逆时针	EM	紧急	H	高
LA	闭锁	ON	闭合	PU	不接地保护
RUN	运行	V	速度、电压、真空		
PEN	保护接地与中性共用				

（3）图形符号

常用电气照明符号

表 2-3

图例	名称	图例	名称	图例	名称	图例	名称
○	灯具一般符号	⊙	探照灯	✦	双联单控防水开关	⌓	单相三极防水插座
⬤	顶棚灯	▽	墙上座灯	✦	双联单控暗装开关	⌓	单相三极防爆插座
◉	四火装饰灯	⟵	疏散指示灯	✦	三联单控暗装开关	⌓	三相四极暗爆插座
⊗	六火装饰灯	⟶	疏散指示灯	✦	三联单控防水开关	⌓	三相四极防水插座
◗	壁灯	EXIT	出口标志灯	✦	三联单控防爆开关	⌓	三相四极防爆插座
⊢	单管荧光灯	⊠	应急照明灯	✦	声光控延时开关	▱	双电源切换箱
⊨	双管荧光灯	Ⓔ	应急照明灯	✦	单联暗装拉线开关	▭	明装配电箱
⊫	三管荧光灯	⊗	换气扇	✦	单联双控暗装开关	▬	暗装配电箱
⊗	防水防尘灯	⋈	吊扇	✦	吊扇调速开关	⟋	漏电断路器
○	防爆灯	✦	单联单控暗装开关	⌓	单相两极暗装插座	⟋	低压断路器
⊗	泛光灯	✦	单联单控防水开关	⌓	单相两极防水插座	⊸	弯灯
✦	单联单控防爆开关	⌓	单相两极防爆插座	⊕	广照灯	✦	双联单控暗装开关
⬕	单项三极暗装插座						

19

（三）常用安装工具

1. 电工仪表的基本知识

学习电工仪表的基本知识是正确使用和维护电工仪表的基础。本节将叙述常用电工仪表的分类、使用方法和保养。

（1）常用电工仪表的分类

电工仪表按测量对象不同，分为电流表（安培表）、电压表（伏特表）、功率表（瓦特表）、电度表（千瓦时表）、欧姆表等；按仪表工作原理的不同分为磁电式、电磁式、电动式、感应式等；按被测电量种类的不同分为交流表、直流表、交直流两用表等；按使用性质和装置方法的不同分为固定式（开关板式）、携带式；按误差等级不同分为 0.1 级、0.2 级、0.5 级、1.0 级、1.5 级、2.5 级和 4 级共七个等级。

（2）电工仪表的保养

1）严格按说明书要求，在温度、湿度、粉尘、振动、电磁场等条件允许范围保存和使用。

2）经过长时间存放的仪表，应定期通电检查和驱除潮气。

3）经过长时间使用的仪表，应按电气计量要求，进行必要的检验和校正。

4）不得随意拆卸、调试仪表，否则将影响其灵敏度与准确性。

5）对表内装有电池的仪表，应注意检查电池放电情况，对不能使用者，应及时更换，以免电池电解液溢出腐蚀机件。对长时间不用的仪表，应取出表内电池。

2. 常用仪表的使用方法

（1）万用表使用方法

万用表能测量直流电流、直流电压、交流电压和电阻等，有的还可以测量功率、电感和电容等，是电工最常用的仪表之一，如图 2-11、图 2-12 所示。主要由指示部分、测量电路和转换装置三部分组成。指示部分通常为磁电式微安表，俗称表头；测量部分是把被测量的电量转换为适合表头要求的微小直流电路，通常包括分流电路、分压电路和整流电路；不同种类电量的测量及量程的选择是通过转换装置来实现的。

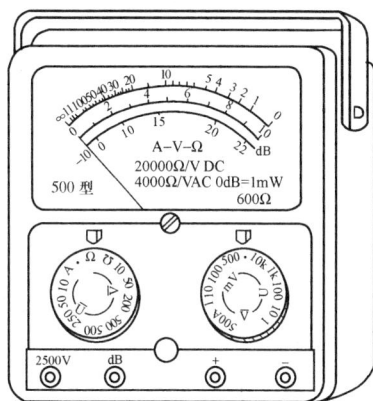

图 2-11　指针式万用表　　　　　图 2-12　数字式万用表

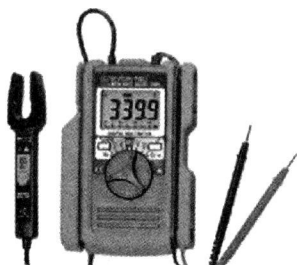

1）端钮（或插孔）选择

红色表笔连接线要接到红色端钮上（或标有"＋"号插孔内），黑色表笔的连接线应接到黑色端钮上（或接到标有"－"号插孔内），有的万用表备有交直流 2500V 测量端钮，使用时黑色测试棒仍接黑色端钮（或"－"的插孔内），而红色测试棒接到 2500V 的端钮上（或插孔内）。

2）转换开关位置的选择

根据测量对象将转换开关转到需要的位置上。如测量电流应将转换开关转到相应的电流档，测量电压转到相应的电压档。有的万用表面板上有两个转换开关，一个选择测量种类，另一个选择测量量程。使用时先选择测量种类，然后选择测量量程。

3）量程选择

根据测量的大致范围，将转换开关转至该种类的适当量程

21

上。测量电压或电流时，最好使用指针在量程 1/2～2/3 的范围内，读数较为准确。

4）欧姆档的使用

①选择合适的倍率档

测量电阻时，倍率档的选择应以使指针停留在刻度线较稀的部分为宜，指针越接近标度尺的中间，读数越准确，越向左，刻度线越紧凑，读数的准确度越差。

②调零

测量电阻前，应将两根测试棒碰在一起，同时转动"调零旋钮"，使指针刚好指在欧姆标度尺的零位上，这一步骤称为欧姆档调零。每换一次欧姆档，测量电阻之前都要重复这一步骤，从而保证测量准确性。如果指针不能调到零位，说明电池电压不足需要更换。

③不能带电测量电阻

测量电阻时万用表是由干电池供电的，被测电阻决不能带电，以免损坏表头。在使用欧姆档间隙中，不要让两根测试棒短接，以免浪费电池。

5）注意操作安全

① 在使用万用表时要注意，手不可触及测试棒的金属部分，以保证安全和测量的准确度。

② 在测量较高电压或较大电流时，不能带电转动转换开关，否则有可能烧坏开关。

③ 万用表用完后最好将转换开关转到交流电压最高量程档，此档对万用表最安全，以防下次测量时疏忽而损坏万用表。

④ 当测试棒接触被测试线路前应再作一次全面的检查，看一看各部分位置是否有误。

（2）兆欧表的使用方法

兆欧表俗称摇表，是用来测量大电阻和绝缘电阻的，它的计量单位是兆欧（MΩ），故称兆欧表。兆欧表的种类有很多，但其作用大致相同，常用兆欧表的外形，如图 2-13、图 2-14 所示。

S3123A高压兆欧表

测试范围0.2~100GΩ, 0.4~200GΩ

图 2-13　数字式兆欧表　　　　图 2-14　指针式兆欧表

1）兆欧表的选用

兆欧表的电压等级应高于被测物的绝缘电压等级。所以测量额定电压在 500V 以下的设备线路的绝缘电阻时，可选用 500V 或 1000V 兆欧表；测量额定电压在 500V 以上的设备或线路的绝缘电阻时，应选用 1000～2500V 兆欧表；测量绝缘子时，应选用 2500～5000V 兆欧表。一般情况下，测量低压电气设备绝缘电阻时刻选用 0～200MΩ 量程的兆欧表。

2）绝缘电阻的测量方法

兆欧表有三个接线柱，上端两个较大的接线柱分别标有"接地"（E）和"线路"（L），在下方较小的一个接线柱上标有"保护环"（或"屏蔽"）（G）。

① 线路对地的绝缘电阻将兆欧表的"线路"（即 E 接线柱）可靠地接地（一般接到某一接地体上），将"线路"接线柱（即 L 接线柱）接到被测线路上。连接好后顺时针摇动兆欧表，转速逐渐加快，保持在约 120rad/min 后匀速摇动，当转速稳定，标的指针也稳定后，指针所指示的数值即为被测物的绝缘电阻值。

② 测量电动机的绝缘电阻将兆欧表 E 接线柱接机壳（即接地），L 接线柱接到电动机某一相的绕组上测出的绝缘电阻值就是某一相的对地绝缘电阻值。

③ 测量电缆的绝缘电阻测量电缆的导电芯与电缆外壳的绝缘电阻时，将接线柱 E 与电缆外壳相连接，接线柱 L 与线芯连接，同时将接线柱 G 与电缆壳、芯之间的绝缘层相连接。

3）注意事项

① 使用前应作开路和短路试验。使 L、E 两接线柱处在断开状态，摇动兆欧表，指针应指向"∞"；将 L 和 E 两个接线柱短接，慢慢地转动，指针应指向"0"处，这两项都满足要求说明兆欧表是好的。

② 测量电气设备的绝缘电阻时，必须先切断电源，然后将设备进行放电，以保证人身安全和测量准确。

③ 兆欧表测量时应放在水平位置，并用力按住兆欧表，防止在摇动中晃动，要懂得转速为 120rad/min。

④ 引接线应采用多股软线，且要有良好的绝缘性能，两根引线切忌绞在一起，以免造成测量数据不准确。

⑤ 测量完后应立即对被测物放电，在摇表的摇把未停止转动和被测物未放电前，不可用手去触及被测物的测量部分或拆除导线，以防触电。

（3）电流表

电流表串接在被测量的电路中，测量其电流值。按所测电流性质可分为直流电流表、交流电流表和交直流两用电流表。就其测量范围又有微安表、毫安表和安培表之分。按动作原理分为磁电式、电磁式和电动式等。

1）电流表的选择

测量直流电流时，较为普遍的是选用磁电式仪表，也可使用电磁式或电动式仪表。测量交流电流时，较多使用的是电磁式仪表，也可使用电动式仪表。对测量准确度要求高、灵敏度高的场合应采用磁电式仪表；对测量精度要求不严格、被测量较大的场合常选择价格低、过载能力强的电磁式仪表。

电流表的量程选择应根据被测电流大小来决定，应使被测电流值处于电流的量程之内。在不明确被测电流大小的情况时，应先使用较大量程的电流表试测,以免因过载损坏仪表。

2)使用方法及注意事项

① 一定要将电流表串接在被测电路中。

② 测量直流电流时,电流表接线端的"＋"、"－"极性不可接错,否则可能损坏仪表。磁电式电流表一般只用于测量直流电流。

③ 应根据被测电流大小选择合适的量程。对于有两个量程的电流表,它具有三个接线端,使用时要看清接线端量程的标记,将公共接线端和一个量程接线端串接在被测电路中。

④选择合适的准确度以满足被测量的需要。电流表具有内阻,内阻越小,测量的结果越接近实际值。为了提高测量的准确度,应尽量采用内阻较小的电流表。

⑤在测量数值较大的交流电流时,常借助于电流互感器来扩大交流电流表的量程。电流互感器次级线圈的额定电流一般设计为5A,与其配套使用的交流电流表量程也应为5A。电流表指示值乘以电流互感器的变流比,为所测实际电流的数值。使用电流互感器应让互感器的次级线圈和铁芯可靠地接地,次级线圈一端不得加装熔断器,严禁使用时开路。

(4)电压表

电压表并联在被测电路中,用来测量被测电路的电压值。按所测电压的性质分为直流电压表、交流电压表和交直流两用电压表。就其测量范围又有毫伏表、伏特表之分。按动作原理分为磁电式、电磁式和电动式等。

1)电压表的选择

电压表的选择原则和方法与电流表的选择基本相同,主要从测量对象、测量范围、要求精度和仪表价格等几方面考虑。测量精度要求不高的,一般多用电磁式电压表。而对测量精度和灵敏度要求高的,多常采用磁电式多量程电压表,其中普遍使用的是万用表的电压档。

2)使用方法及注意事项

① 一定要使电压表与被测电路的两端并联。

② 电压表量程要大于被测电路的电压，以免损坏电压表。

③ 使用磁电式电压表测量直流电压时，要注意电压表接线端上的"＋"、"－"极性标记。

④ 电压表具有内阻，内阻越大，测量的结果越接近实际值。为了提高测量的准确度，应尽量采用内阻较大的电压表。

⑤ 测量高电压时要使用电压互感器。电压互感器的初级线圈并接在被测电路上，次级线圈额定电压为 100V，与量程为 100V 的电压表相接。电压表指示值乘以电压互感器的变压比，为所测实际电压的数值。电压互感器在运行中要严防次级线圈发生短路，通常在次级线圈中设置熔断器作为保护。

（5）接地电阻测量仪

接地电阻是指埋入地下的接地体电阻和土壤散流电阻，通常采用 ZC 型接地电阻测量仪（或称接地电阻摇表）进行测量。ZC 摇表的外形结构随型号不同稍有变化，但使用方法基本相同（图 2-15）。

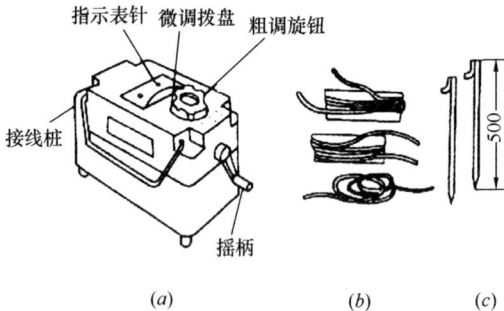

图 2-15 ZC-8 型接地电阻测量仪

(a) 接地电阻测试仪；(b) 连接线；(c) 测量接地棒

使用方法和测量步骤（图 2-16）。

1）拆开接地干线与接地体的连接点，或拆开接地干线上所有接地支线的连接点。

2）将两根接地棒分别插入地面 400mm 深，一根离接地体

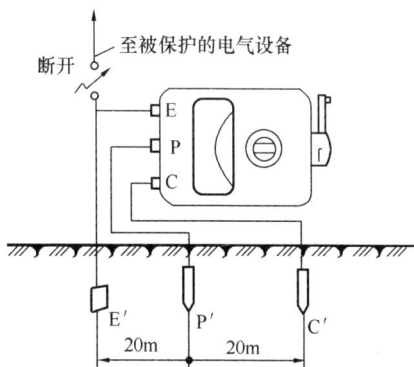

图 2-16　用 ZC-8 型接地电阻测
量仪测量接地电阻

40m 远，另一根离接地体 20m 远。

3）把摇表置于接地体近旁平整的地方，然后进行接线。

① 用一根连接线连接表上接线桩 E 和接地装置的接地体 E′。

② 用一根连接线连接表上接线桩 C 和离接地体 40m 远的接地棒 C′。

③ 用一根连接线连接表上接线桩 P 和离接地体 20m 远的接地棒 P′。

④ 根据被测接地体的接地电阻要求，调节好粗调旋钮（上有三档可调范围）。

⑤ 以约 120rad/min 的速度均匀地摇动摇表。当表针偏转时，随即调节微调拨盘，直至表针居中为止。以微调拨盘调定后的读数，去乘以粗调定位倍数，即是被测接地体的接地电阻。

⑥ 为了保证所测接地电阻值的可靠，应改变方位重新进行复测，取几次测得值的平均值作为接地体的接地电阻。

3. 常用电工工具

（1）钢丝钳

钢丝钳又称克丝钳，是钳夹和剪切工具，由钳头和钳柄两部分组成，如图 2-17 所示。电工用的钢丝钳钳柄上套有耐压为 500V 以上的绝缘套管。钢丝钳的钳头功能较多，钳口是用来弯绞或钳夹导线线头；齿口是用来紧固或起松螺母；刀口是用来剪切导线或剖切导线绝缘层；铡口是用来铡切导线线芯、钢丝或铁丝等较硬金属。钢丝钳常用的有 150mm、175mm 和 200mm 三种规格。

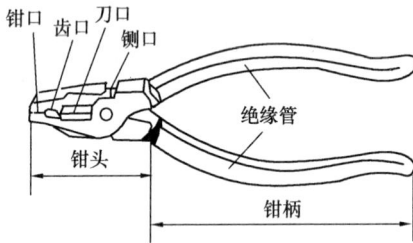

图 2-17　钢丝钳

使用钢丝钳应注意的事项：

1）使用前应检查绝缘柄是否完好，以防带电作业时触电。

2）当剪切带电导线时，绝不可同时剪切相线和零线或两根相线，以防发生短路事故。

3）要保持钢丝钳的清洁，钳头应防锈，钳轴要经常加机油润滑，以保证使用灵活。

4）钢丝钳不可代替手锤作为敲打工具使用，以免损坏钳头影响使用寿命。

5）使用钢丝钳应注意保护钳口的完整和硬度，因此，不要用它来夹持灼热发红的物体，以免"退火"。

6）为了保护刀口，一般不用来剪切钢丝，必要时只能剪切 1mm 以下的钢丝。

（2）尖嘴钳

尖嘴钳适用于狭小的工作空间或带电操作低压电气设备，是用来夹持较小螺钉、垫圈、导线等元件；刃口能剪断细小导线或金属丝；在装接电气控制线路板时，可将单股导线弯成一定圆弧的接线鼻，如图 2-18 所示。常用的有 130mm、160mm、180mm 和 200mm 四种规格。使用注意事项与钢丝钳相同。

（3）斜口钳

斜口钳也叫偏口钳，如图 2-19 所示。在剪切导线，尤其是剪掉焊接点上多余的线头和印制电路板安放插件后过长的引线时，选用斜口钳效果是最好的。斜口钳还常用来代替一般剪刀剪切绝缘套管、尼龙扎线卡等。常见的斜口钳的钳身长 160mm，带绝缘柄的最常用。

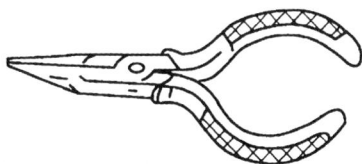   

图 2-18　尖嘴钳　　　　　　　　　图 2-19　斜口钳

斜口钳操作时应注意：剪下的线头容易飞出伤人眼部，双目不要直视被剪物。钳口朝下剪线，当被剪物体不易判断方向时，可用另一只手遮挡飞出的线头。不允许用斜口钳剪切螺钉及较粗的钢丝等。

（4）电工刀

电工刀是用来剖削导线绝缘层，切割电工器材，削制木榫的常用电工工具，电工刀按结构分有普通式和三用式两种，如图 2-20 所示。普通式电工刀有大号和小号两种规格；三用式电工刀除刀片外还增加了锯片和锥子，锯片可锯割电线槽板、塑料管和小木桩，锥子可钻木螺钉的定位底孔。

（5）螺丝刀

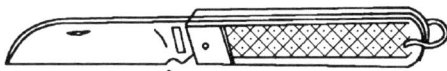

图 2-20　电工刀

螺丝刀又称起子、改锥,是电工最常用的基本工具之一,用来拆卸、坚固螺钉,如图 2-21 所示。螺丝刀的规格按其性质分有非磁性材料和磁性材料两种;按头部形状分有一字形和十字形两种;按握柄材料分有木柄、塑柄和胶柄,一字形螺丝刀常用的有 50mm、75mm、100mm、150mm 和 200mm 等规格。十字形螺丝刀有 Ⅰ、Ⅱ、Ⅲ 和 Ⅳ 四种规格,Ⅰ号适用于螺钉直径为 2~2.5mm;Ⅱ号适用于螺钉直径为 3~5mm;Ⅲ号适用于螺钉直径为 6~8mm;Ⅳ号适用于螺钉直径为 10~12mm。

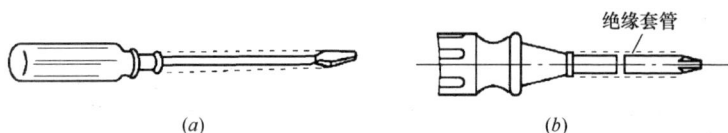

图 2-21 螺丝刀
(a) 一字形;(b) 十字形

使用螺丝刀的注意事项:

1)螺丝刀拆卸和坚固带电的螺钉时,手不得触及螺丝刀的金属杆,以免发生触电事故。

2)为了避免金属杆触及手部或触及邻近带电体,应在金属杆上套上绝缘管。

3)使用螺丝刀时,应按螺钉的规格选用适合的刃口,以小代大或以大代小均会损坏螺钉或电气元件。

4)为了保护其刃口及绝缘柄,不要把它当凿子使用。木柄螺丝刀不要受潮,以免带电作业时发生触电事故。

5)螺丝刀紧固螺钉时,应根据螺钉的大小、长短采用合理的操作方法,短小螺钉可用大拇指和中指夹住握柄,用食指顶住柄的末端捻旋。较大螺钉,使用时除大拇指和中指要夹住握柄外,手掌还要顶住柄的末端,这样可发防止旋转时滑脱。

(6)剥线钳

剥线钳是用来剥削截面为 6mm^2 以下的塑料或橡皮电线端部的表面绝缘层。剥线钳由切口、压线口和手柄组成,手柄上套有耐压为 500V 以上的绝缘管，剥线钳的切口分为 0.5～3mm 的多个直径切口，用于不同规格的芯线剥削，如图 2-22 所示。使用时先选定好被剥除的导线绝缘层的长度，然后将导线放入大于其芯线直径的切口上，用手将钳柄一握，导线的绝缘层即被割断自动弹出。不可将大直径的导线放入小直径的切口，以免切伤线芯或损坏剥线钳，也不可当作剪丝钳用。用完后要经常在它的机械运动部分滴入适量的润滑油。

（7）验电笔

验电笔又称低压验电器简称电笔，是用来检验低压导体和电气设备的金属外壳是否带电的基本安全用具，其检测电压范围为 60～500V 之间，具有体积小，携带方

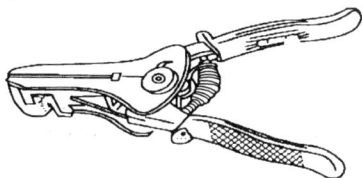

图 2-22　剥线钳

便，检验简单等优点，是电工必备的工具之一。

常用的有笔式，数显式和螺丝刀式，如图 2-23、图 2-24 所示。验电笔由氖管、电阻、弹簧、笔身和笔尖等组成，数显式验电器由数字电路组成，可直接测出电压的数值。验电笔的原理是被测带电体通过电笔、人体与大地之间形成的电位差产生电场，电笔中的氖管在电场的作用下便会发出红光。

验电笔验电时应注意以下事项：

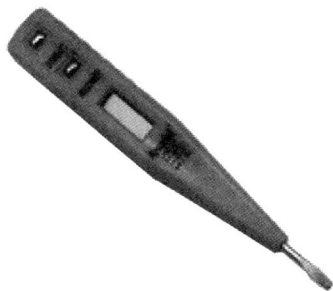

图 2-23　数显式验电笔

1）测试时，手握电笔方法必须正确，手必须触及笔身上的金属笔夹或铜铆钉，不能触及笔尖上的金属部分（防止触电），并使氖管窗口面向自己，便于观察。

2）测试时切忌将笔尖同时搭在两根导线或一根导线与金属外壳，以防造成短路。

图 2-24　螺丝刀式验电笔

3）在使用前应将电笔先在确认有电源部位测试氖管是否能正常发光方能使用，严防发生事故。

4）在明亮光线下测试时，不易看清氖管是否发光，使用时应避光检测。

5）电笔笔尖多制成螺钉旋具形状，它只能承受很小的扭矩，使用时应特别注意，以免损坏。

6）电笔不可受潮，不可随意拆装或受到剧烈震动，以保证测试可靠。

（8）螺丝扳手

图 2-25　螺丝扳手

螺丝扳手是用来紧固和拆卸螺栓、螺母的一种专用工具。常用的有固定扳手、套筒扳手和活动扳手。这里介绍下活动扳手，如图 2-25 所示。活动扳手由头部和柄部组成。头部由活络扳唇、呆扳唇、扳口、蜗轮和轴销等构成络扳手的规格较多，电工常用的有 150mm（6″）、200mm（8″）、250m（10″）、300mm（12″）四种规格。

使用活络扳手的注意事项：

1）应根据螺丝或螺母的规格旋动蜗轮调节好扳口的大小。扳动较大螺栓或螺母时，需用较大力矩，手应握在手柄尾部。

2）扳动较小螺栓或螺母时，需用力矩不大，手可握在接近头部的地方，并可随时调节蜗轮，收紧活络扳唇，防止打滑。

3）活络扳手不可反用，以免损坏活络扳唇，不准用钢管接长手柄来施加较大力矩。

4）活络扳手不可当作撬棍和手锤使用。

（9）电烙铁

电烙铁是用来焊接导线接头、电子元件、电器元件接点的焊接工具，如图 2-26 所示。电烙铁的工作原理是利用电流通过发热体（电热丝）产生的热量熔化焊锡后进行焊接的。电烙铁的种类有外热式、内热式、吸锡式和恒温式等多种。常用的规格：外热式有 25W、45W、75W、100W、300W 和 500W；内热式有 20W、35W 和 50W 等。

图 2-26　电烙铁

使用电烙铁的注意事项：

1）新烙铁必须先处理后使用。具体方法用砂布或锉刀把烙铁头打磨干净，然后接上电源，当烙铁温度能熔锡时，将松香涂在烙铁头上，再涂上一层焊锡，如此反复 2～3 次，使烙铁头挂上一层锡便可使用。

2）电烙铁的外壳须接地时一定要采用三脚插头，以防触电事故。

3）电烙铁不宜长时间通电而不使用，这样容易使烙铁芯加速氧化烧坏，缩短寿命，还会使烙铁头氧化，影响焊接质量，严重时造成"烧死"不再吸锡。

4）导线接头、电子元器件的焊接应选用松香焊剂，焊金属铁等物质时，可用焊锡膏焊接，焊完后要清理烙铁头，以免酸性焊剂腐蚀烙铁头。

5）电烙铁通电后不能敲击，以免烙铁芯损坏。

6）电烙铁不能在易燃易爆场所或腐蚀性气体中使用。

7）电烙铁使用完毕，应拔下插头，待冷却后放置干燥处，以免受潮漏电。

8）不准甩动使用中的电烙铁，以免锡珠溅出伤人。

（10）其他工具

除以上介绍的常用电工工具外还有挤压钳、紧线钳、拆卸器、和包括电钻、磁座钻、电绞刀、电动刀、电剪刀、电冲剪、电动往复锯、电动锯管机、电动攻丝机、电动型材切机、电动斜切割机、电动焊缝坡口机、多功能电动工具金属切削类电动工具。直向砂轮机，角向磨光机、软轴砂轮机、模具电磨，平板砂光机、带式砂光机、直式抛光机、盘式抛光机砂磨类电动工具。电动扳手，定转矩电动扳手，电动旋具，电动胀管机，电动自功旋具，电动拉铆枪装配类电动工具等。

（四）预埋件加工及安装

1. 预埋件加工

（1）电缆（线）管的加工

1）电缆（线）管不应有穿孔，裂缝和显著的凹凸不平，内壁应光滑；金属电缆（线）管不应有严重锈蚀。硬质塑料管不得用在温度过高或过低的场所。在易受机械损伤的地方和受力较大处直埋时，应采用足够强度的管材。

2）电缆（线）管的加工应符合下列要求：

①管口应无毛刺和尖锐棱角，管口宜做成喇叭形。

②电缆（线）管在弯制后，不应有裂缝和显著的凹瘪现象，其弯瘪程度不宜大于管子外径的 10%；电缆（线）管的弯曲半径不应小于所穿入电缆的最小允许弯曲半径。

③金属电缆（线）管应在外表涂防腐漆或沥青，镀锌管锌层

剥落处也应涂防腐漆。

3）电缆（线）管的内径与电缆外径之比不得小于 1.5；混凝土管、陶土管、石棉水泥管除应满足上述要求外，其内径尚不宜小于 100mm。

4）每根电缆（线）管的弯头不应超过 3 个，直角弯不应超过 2 个。

（2）电缆支架加工

1）电缆支架的加工应符合下列要求：

① 钢材应平直，无明显扭曲。下料误差应在 5mm 范围内，切口应无卷边、毛刺。

② 支架应焊接牢固，无显著变形。各横撑间的垂直净距与设计偏差不应大于 5mm。

③ 金属电缆支架必须进行防腐处理。位于湿热、盐雾以及有化学腐蚀地区时，应根据设计作特殊的防腐处理。

2）电缆支架的层间允许最小距离净距不应小于两倍电缆外径加 10mm，35kV 及以上高压电缆不应小于两倍电缆外径加 50mm。

（3）盘、柜基础型钢及预埋件加工

盘、柜基础型钢及所用钢板等应符合设计图纸要求，表面无锈蚀、污物；盘、柜基础型钢及预埋件等应按设计图纸尺寸制作，其尺寸应与盘、柜及设备等基础相符。

（4）室外构件加工

1）选材：室外使用的钢材必须是正规厂家的优质钢材，有产品质量证明书。对进场的材料，包括钢板的厚度、钢管壁厚、表面质量等进行检查验收，当表面有锈蚀、麻点或划痕等缺陷时，深度不能大于钢材厚度负偏差值的 1/2，钢管表面不得有凹凸缺陷或划痕，管体表面不得有锈蚀，弯曲度不超过 0.8mm/m，椭圆度不大于 2mm。超过以上标准的材料不得在工程上使用。

2）下料

① 连接法兰与异形板：法兰采用数控切割机内外径偏差不大于 1mm。钢板断面垂直度不大于 0.5mm，防止出现锯齿形边，清理打磨干净氧化铁。

② 异形板：异形板切割时根据钢板厚度，调整好火焰大小、氧气压力、切割嘴垂直度和控制行走速度，长宽误差不大于 0.5mm，对角误差控制在 1mm 以内。

3）组对拼接

组对拼接在制作加工平台上进行，加工平台的平面度控制在 5mm 以内。钢管和连接板组装用卷尺和直角尺测量，定位偏差不大于 1mm，长度偏差不大于 2mm。

4）钢构件焊接

钢构件焊接前将焊接部位的铁锈、污垢、积水等清除干净，焊条进行烘焙处理。钢柱、钢梁、避雷针、避雷带、接地体等构件的平焊缝、角焊缝、搭接焊等焊接顺序是由中间向两侧对称施焊，焊缝要均匀、焊满、焊透。

5）钢构件的镀锌处理

钢构件主要用于室外，为了保证使用寿命，我们一般采取构件成品整体镀锌防腐。镀锌完成后的钢构件难免会出现漏镀、滴瘤和变形等。漏镀面积不大于 0.5% 的，在漏镀位置补喷银粉漆，漏镀面积超过 0.5% 的，要进行返工。发现有滴瘤的用锉刀或电动磨光机进行打磨。对于镀锌变形会影响钢构件的现场安装，必须在镀锌完成后把矫正作为一道工序来实施。

2. 加工件预埋与安装

（1）电缆（线）管明敷时，电缆（线）管应安装牢固；电缆管支撑点间的距离，当设计无规定时，不宜超过 3m。当塑料管的直线长度超过 30m 时，宜加装伸缩节。

（2）电缆（线）管暗埋时管口及中间连接处要密封，防止杂物和混凝土浆进入管内，在混凝土浇筑前将预理电缆（线）管与钢筋绑扎固定牢固，防止移位变形造成电缆（线）管损坏。

（3）电缆管的连接

1）金属电缆管连接应牢固，密封应良好，两管口应对准。套接的短套管或带螺纹的管接头的长度，不应小于电缆管外径的2.2倍。金属电缆管不宜直接对焊。

2）硬质塑料管在套接或插接时，其插入深度宜为管子内径的1.1～1.8倍。在插接面上应涂以胶合剂粘牢密封；采用套接时套管两端应封焊。

3）引至设备的电缆管管口位置，应便于与设备连接并不妨碍设备拆装和进出。并列敷设的电缆管管口应排列整齐。

4）利用电缆的保护钢管作接地线时，应先焊好接地线；有螺纹的管接头处，应用跳线焊接，再敷设电缆。

5）敷设混凝土、陶土、石棉水泥等电缆管时，其地基应坚实、平整，不应有沉陷。电缆管的敷设时：

①电缆管的埋设深度不应小于0.7m；在人行道下面敷设时，不应小于0.5m。

②电缆管应有不小于0.1％的排水坡度。

③电缆管连接时，管孔应对准，接缝应严密，不得有地下水和泥浆渗入。

（4）电缆支架（桥架）安装

电缆支架（桥架）应安装牢固，横平竖直；托架支吊架的固定方式应按设计要求进行。各支架的同层横挡应在同一水平面上，其高低偏差不应大于5mm。托架支吊架沿桥架走向左右的偏差不应大于10mm。在有坡度的电缆沟内或建筑物上安装的电缆支架，应有与电缆沟或建筑物相同的坡度。

（5）电气盘、柜基础型钢安装，其顶部宜高出最终地面10～20mm，并且有明显不少于两点的可靠接地。

（6）变电站构架安装

1）构架进场时，应检查出厂合格证、安装说明书、螺栓清单等资料是否齐全。

2）复测基础标高、轴线，检查预埋螺栓位置及露出长度等，超出允许偏差时，应做好技术处理。

3）进场时检查钢柱镀锌质量、弯曲矢高等符合要求。钢柱在搬运和卸车时，严禁碰撞和急剧坠落。

4）钢管构架柱组装时连接牢固，无松动现象，使用高强螺栓时，螺栓紧固力矩应符合设计要求，力矩扳手使用前应进行校验。螺栓紧固分两次进行，第一次进行初紧（紧固力矩为额定紧固力矩的一半），最后进行终紧（额定紧固力矩）。

（五）施工管理知识

1. 施工班组管理知识

（1）班组：是企业最基本的管理和生产单位，是企业生产、技术、质量、成本和各项管理活动的承担者。

（2）班组管理：是指为完成班组任务而必须做好的各项管理活动，充分发挥全班组人员的主观能动性和生产积极性，团结协作，合理地组织人力、物力，充分利用各方面信息，使班组生产均衡有效地进行，最终做到按质、按量、如期、安全地完成上级下达的各项生产计划。

（3）班组特点

1）班组结构特点是小，操作设备少，产品少，工序少。有的全组人员从事同一种工种岗位，有的从事同一工序。

2）班组生产管理特点是细，任务分配细，各种考核细，管理工作细。需要落实到人，考核到人，管理到人。

3）班组工作特点是全。企业中的任何工作都要落实、贯彻到班组。生产任务、思想工作、培训学习、成本核算、安全文明生产一样都不能少。

（4）班组管理要从以下五个方面

1）基础管理。是各项管理内容顺利实行的保障，是增强班组凝聚力的重要手段，是一个班组合格与否的重要标志。包括班组的建设和文化的形成。

2）生产管理。是班组中的主要环节，班组每个成员的生产行为都直接影响到生产目标的实现。抓好计划、生产组织、总结语考核工作这一主线，把各项规章制度、技术工艺、操作规程、降成本目标充分贯彻执行起来，保证班组生产任务的完成。

3）质量管理。全面质量管理是企业生存的重要保障，从产品的质量到工作质量、工序质量都要有计划、实施、检查、处置的循环，建立质量保证体系。

4）设备及工器具管理。生产任务的完成，依赖的是设备和工器具，要从设备的使用、维护、检修、技术改造、事故处理等方面做好设备及工器具管理工作。

5）安全管理。事故有碍于生产又危害职工安全，预防和控制事故的发生尤为重要。

2. 计量基础知识

（1）计量器具分类

按照国家计量局发布的《中华人民共和国强制检定的工作计量器具明细目录》和《计量器具分类管理办法》的规定，我们所使用的兆欧表（绝缘电阻测量仪）、接地电阻测量仪、电压互感器和电流互感器均属 A 类；其他如电压表、电流表等属于 B 类。

（2）计量器具检验周期和检定方法

1）依据

《中华人民共和国计量法实施细则》和国家质量监督检验检疫总局发布的《计量器具检定周期确定原则和方法》JJF 1139—2005 和各类器具的检定规程等。

2）电压互感器、电流互感器

根据《测量用电压互感器检定规程》JJG 314—2010 和《测量用电流互感器检定规程》JJG 313—2010 的规定，正常检定周期为两年，若连续两个周期的 3 次检定中，最后一次检定与前两次相比，误差变化不大于误差值的 1/3，其检定周期可延长至 4 年。

3）接地导通电阻测试仪、绝缘电阻表（兆欧表）

① 根据《接地导通电阻测试仪检定规程》JJG 984—2004 的

规定，接地导通电阻测试仪的检定周期一般不超过 1 年。根据使用条件或用户要求，可以缩短检定周期。周期检定按照计量法的有关规定，送法定计量检定机构进行检定。

② 绝缘电阻表（兆欧表）依据《绝缘电阻表（兆欧表）检定规程》JJG 622—1997 的规定检定周期不得超过 2 年。

4）电流表、电压表、功率表及电阻表

依据《电流表、电压表、功率表及电阻表检定规程》JJG 124—2005 的规定，电流表、电压表、功率表及电阻表的检定周期为准确度等级小于或等于 0.5 级的仪表一般 1 年，其余仪表检定周期一般不超过 2 年。

5）检定方法

各种计量器具的检定均按照检定规程中规定的方法进行检定，依据《中华人民共和国强制检定的工作计量器具明细目录》和《计量器具分类管理办法》，属 A 类，列入国家强制检定目录的工作计量器具中需要强检的工作计量器具，按照计量法有关规定，送法定计量检定机构，定期检定。其他仪表属 B 类计量器具，可送所属企业中心试验室定期检定校准，中心试验室无权检定的项目，可提交社会法定计量检定机构就近检定。

6）计量器具的标识

计量器具实行统一的标识管理，每个计量器具必须由唯一性编号并加以标注，标识其检定状态，明显标明其上次检定日期和有效期限。同时，分别贴上国家技术监督局统一制定的标志。

① 合格证（绿色）计量检定合格者（应注明检定日期、有效期、检定单位、计量确认状态）。

② 准用证（黄色）计量不必检定，经检查功能正常者或设备无法检定，经比对或鉴定适用者（如网上报表、储存文件用计算机等）。

③ 停用证（红色）仪器设备损坏、经计量检定不合格、性能无法确定或超过检定周期。

三、高低压电器控制、防护系统安装

（一）电线电缆、母线安装

1. 电线电缆的敷设

电缆敷设方式的选择，应视工程条件、环境特点和电缆类型、数量等因素，以及满足运行可靠、便于维护和技术经济合理的原则来选择。常见的电缆敷设方式有：地下直埋敷设；保护管敷设（钢管、塑料管、排管等）；电缆构筑物敷设（电缆沟、隧道或工作井等）；其他公用设施中敷设（公路、铁道桥梁、隧洞中或地下商场等公共设施、码头、栈道等公用构筑物）；水下敷设等。

（1）电缆敷设安装前，专业人员要检查电缆外观及封头是否完好无损，与要施放的电缆型号是否一致；电缆严禁有绞拧、铠装压扁、护层断裂和表面严重划伤等缺损。电缆敷设安装前、后用1000 V 兆欧表测量电缆各导体之间绝缘电阻是否正常，并根据电缆型号规格、长度及环境温度的不同对测量结果作适当地修正，小规格（10 mm² 以下实芯导体）电缆还应测量导体是否通断。

（2）在电缆构筑物上敷设电缆

1）同一侧支架上的电缆排列顺序正确，控制电缆在电力电缆下面，1 kV 及其以下电力电缆应放在 1 kV 以上电力电缆下面。

2）人力敷设电缆时，应统一指挥控制节奏，每隔 1.5～3 m 有一人肩扛电缆，边放边拉，慢慢施放，不得放在地上摩擦拖行。每施放一根电缆可采用尼龙扎带或绝缘导线将其固定可靠。

3）机械施放电缆时，一般采用专用电缆敷设机并配备必要牵引工具，牵引力大小适当、控制均匀，以免损坏电缆。

4）电缆转弯和分支处不紊乱，走向整齐清楚、标志牌清晰齐全、设置准确。施放时注意电缆盘的旋转方向，不要压扁或刮伤电缆外护套。敷设时电缆的弯曲半径要大于规定值，如表3-1所示。

电缆最小弯曲半径及检验方法   表 3-1

项次	项目			弯曲半径	检验方法
1	电缆最小允许弯曲半径	橡皮绝缘电力电缆	单芯	≥20d	尺量检查
			多芯	≥15d	
			橡皮或聚氯乙烯护套	≥10d	尺量检查
			裸铅护套	≥15d	
			铅护套钢带铠装	≥20d	
		塑料绝缘电力电缆		≥10d	
		控制电缆		≥10d	

注：d 为电缆外径

（3）地下直埋电缆敷设

1）应做好隐蔽工程记录要注意土壤条件。

2）地下直埋电缆埋设深度一般建筑物下电缆的埋设深度不小于0.5m，较松软的或周边环境较复杂的，如耕地、建筑施工工地或道路等，要有一定的埋设深度（0.7～1m），以防直埋电缆受到意外损害。

3）地下直埋电缆敷设前按照电缆走向、工程环境特点等采用人工或机械先开挖电缆沟槽，并在已开挖的电缆沟槽内平铺一层20cm黄砂。

4）当采用人力敷设电缆时，应统一指挥控制节奏，每隔1.5～3m有一人肩扛电缆，边放边拉，慢慢施放，不得放在地上摩擦拖行。

5）采用机械施放电缆时，一般采用专用电缆敷设机并配备必要牵引工具，牵引力大小适当、控制均匀，以免损坏电缆。

6）施放时注意电缆盘的旋转方向，不要压扁或刮伤电缆外护套，电缆转弯和分支处不紊乱，走向排列整齐清楚、每根电缆标志牌清晰齐全、设置准确。

7）直埋电缆敷设完成后回填土无特殊要求时应先将电力电缆铺砂盖砖进行保护均匀回填土方；有穿管保护的电力电缆应做好防腐措施，回填时回填土要均匀。

8）严禁在管道上面或下面平行敷设。在冬季低温时切勿以摔打方式来校直电缆，以免绝缘护套开裂。回填到设计标高时应设置明显的电缆标志桩。

（4）保护管敷设电缆

① 保护管敷设电缆一般是在浇筑混凝土时已把电缆管道预埋在混凝土中，管道内预留牵引电缆的钢丝或铁丝，金属管两端管道口应作成喇叭状，两端应有标记，表示建筑物、楼层、房间和长度。

② 敷设电缆前应对管道内泥砂等杂物，采用布条绑扎在引线上来回拉动，将管内杂物清净或用压缩空气将其吹出。

③ 敷设电缆时应根据施工图对穿入的电缆的规格、型号进行核对，发现规格不符或其他质量问题应及时退换。

④ 电缆在穿入保护管前要把电缆端部剥出线芯，用铁丝将电缆和管道内预留的引线缠绕绑扎牢固，使绑扎端接头处形成一个平滑的锥形过渡部位，然后再穿入保护管。

⑤ 导线穿入保护管前，应给保护管管口带塑料护线套，以防穿线时管口留有毛刺损坏导线的绝缘层。电缆敷设时采用放线架避免导线扭结。

⑥ 保护管始端工作人员用工具将电缆引导至保护管内，末端工作人员采用工具或人力拉引线牵引电缆，直到将电缆拉出保护管，电缆长度符合工作要求即可，每根电缆敷设完成后悬挂标志牌。

⑦ 保护管内电缆安装完成后按要求对始末端管口进行封堵，室外保护管应做防水弯后封堵，穿入保护管内电缆不得有接头。

2. 电缆头制作

电缆与其他电气设备相连接，需要有一个能满足一定绝缘与密封要求的连接装置叫做电缆头。制作电缆头工艺要求很严，应严格按照规范施工。

电缆附件的种类常用的有两种：热缩材料电缆附件；冷缩材料电缆附件。

两种电缆附件类型均分为 10kV、35kV 户内和户外型号。制作时对环境要求：热缩、冷缩终端电缆头制作应选择在环境温度在 +5℃ 以上；平均气温低于 0℃ 时，要采取加热措施。施工场地应清洁，无飞扬的灰尘或纸屑，制作过程中要保证手和工具、材料的清洁。操作时不应做其他无关的事。

（1）热缩材料电缆附件制作

1）热缩电缆头型号说明（图 3-1）

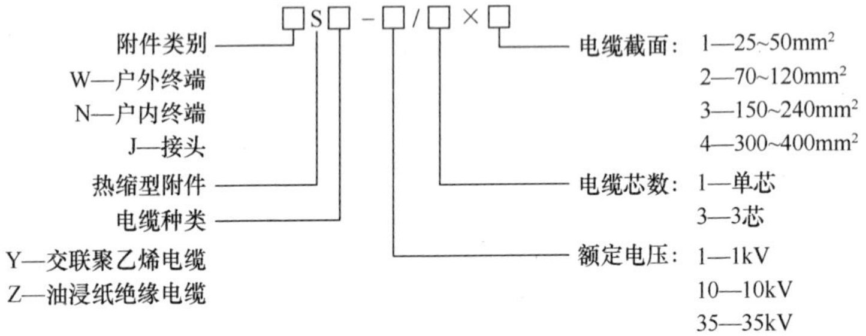

图 3-1　热缩电缆头型号说明

2）热缩电缆头制作步骤

① 制作前应检查热缩电缆头规格是否与电缆规格一致，各部件是否齐全，所制作电缆外观应整洁无破损，并做绝缘试验，合格后开始制作。首先将电缆外壳擦拭干净，剥去电缆外壳 80cm；去除电缆内部电缆填充材料。

② 把接地扁铜线分三股并与电缆导线的铜屏蔽层绑紧，用焊锡将接地线与铜屏蔽层焊牢固后，全部用填充胶包住。（包住位置，接地线，铜丝绕的部分，外加隔开部分往上 50mm 处全

部用填充胶包上）。最后在缠绕填充胶密封，三叉口处多缠绕一些填充胶，使电缆头制作时更饱满。

③ 把三芯分支护套插上。用喷灯均匀烘烤，使其三芯分支护套均匀受热收缩，烘烤完成后按要求剥除铜屏蔽层、半导电层。从分支手套向上量取 50mm 铜屏蔽层保留，其余全部剥除。从铜屏蔽层断口向上保留 20mm 半导电层，其余半导体全部剥除。

④ 剥取半导体黑皮后，露出塑料绝缘层部分，用砂纸将塑料绝缘体部分打磨，在用酒精布把打磨部分清洗干净，清洁时，从绝缘体起到半导体层，等清洁剂风干后然后将硅脂涂在砂纸打磨好部分。在保留的半导体黑皮 50mm 处上端抹上少量的密封胶；套入应力管并搭接 20mm 铜屏蔽层，用喷灯均匀烘烤，使其应力管均匀受热收缩。然后把三只长绝缘管套至分支护套三叉根部，用喷灯均匀烘烤，使其均匀受热收缩。在电缆头末端剥除 50mm 绝缘层露出裸铜线，套入铜鼻子用压接钳压接牢固，在铜鼻子与绝缘体之间露出表面的裸铜线必须填充胶全部包住，然后再用密封胶裹上一层，套上小套管用喷灯均匀烘烤，使其均匀受热收缩，最后套入三相线标记（红黄绿），如图 3-2 所示。

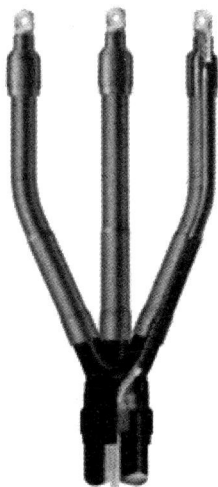

图 3-2　制作完成的
热缩电缆头

⑤户外式热缩电缆头制作完成后，还应在分支护套三叉根部 130mm 出套入第一个单孔雨裙加热固定；在依次套入其余 5 个单孔雨裙，各雨裙间距 100mm 加热固定。

（2）冷缩电缆头附件及制作

现场施工简单方便，其冷缩管具有弹性，只要抽出内芯尼龙支撑条，可紧紧贴服在电缆上，不需要使用加热工具，克服了热缩材料在电缆运行时，因热胀冷缩而产生的热缩材料与电缆本体之间的间隙。适用于10～35kV三芯电缆终端头的制作。

1）冷缩电缆头型号说明（图3-3）

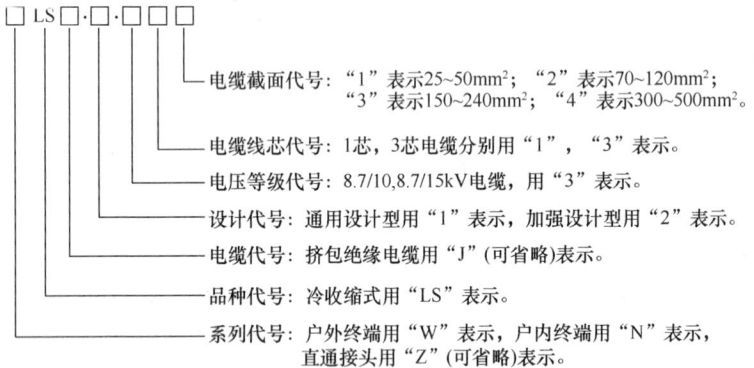

电缆截面代号："1"表示25~50mm²；"2"表示70~120mm²；"3"表示150~240mm²；"4"表示300~500mm²。

电缆线芯代号：1芯，3芯电缆分别用"1"，"3"表示。

电压等级代号：8.7/10,8.7/15kV电缆，用"3"表示。

设计代号：通用设计型用"1"表示，加强设计型用"2"表示。

电缆代号：挤包绝缘电缆用"J"(可省略)表示。

品种代号：冷收缩式用"LS"表示。

系列代号：户外终端用"W"表示，户内终端用"N"表示，直通接头用"Z"(可省略)表示。

图3-3　冷缩电缆头型号说明

2）冷缩电缆头制作步骤

① 制作前应先检查电缆终端规格是否同电缆一致，各部件是否齐全，所制作电缆外观应整洁无破损，如图3-4所示，并做绝缘试验，合格后开始制作。将电缆校直擦拭干净，按制造厂提

图3-4　冷缩电缆附件

供的安装说明书规定的尺寸剥去电缆外护层、钢带（若有钢带）、内护层及线芯间填料（钢带剥切长度主要由线芯允许弯曲半径和规定的相间距离来确定，但需考虑与所提供的套在线芯上的冷缩护套管长度相适配）。内护层留 10mm，钢带留 25mm。然后将电缆端部（约 50mm 长）一段外护层擦洗干净。

② 安装接地线。在钢带以上约 65mm 处的线芯屏蔽上分别安装接地铜环，并用恒力弹簧将接地编织铜线和三根线芯接地铜带一起固定在钢带上。若要求钢带与线芯屏蔽分开接地，则应另取 10mm^2 编织铜线用恒力弹簧固定在钢带上，然后用绝缘带绕包覆盖，再将线芯屏蔽接地编织铜线与三根线芯接地铜带连接引出。

注意：钢带接地线和线芯屏蔽接地线在终端头内不可有电气上的连通。为了防止水汽沿接地线进入电缆，在外护层上先用防水带包 2 层，将接地线夹在中间，外面再包 2 层防水带。

③ 安装冷收缩分支套。将冷收缩分支套置于线芯分叉处，先抽出下端内部塑料螺旋条，然后再抽出三个支管内部塑料螺旋条，在线芯分叉处收缩压紧。

④ 安装冷收缩护套管。将三根冷收缩护套管分别套在三根线芯上、下部覆盖分支套支管 15mm，抽出管内塑料螺旋条，在线芯屏蔽上收缩压紧。若为加长型户内终端头，则用同样方法收缩第二根冷收缩护套管，其下端与第一根搭接 15mm。护套管末端到线芯末端长度应等于安装说明书规定的尺寸。

⑤ 从护套管口向上留一段铜屏蔽（户外终端头留 45mm，户内终端头留 30mm），其余剥去。留下 10mm 半导电层，其余半导电层剥去，并按接线端子孔深加 10mm 剥去线芯末端绝缘。

⑥ 从钢屏蔽带末端 10mm 处开始绕包半导电带直到覆盖电缆绝缘 10mm，然后返回到铜屏蔽带上，要求半导电带与绝缘交界处平滑过渡（无明显台阶）。

⑦ 压接接线端子。

⑧ 安装冷收缩绝缘件。先用清洗剂擦净电缆绝缘及接线端

于压接处,并在包绕半导电带及附近绝缘表面涂少许硅脂。套入冷收缩绝缘件到安装说明书所规定的位置,抽出塑料螺旋条,在电缆绝缘上收缩压紧(若接线端子半板宽度大于冷收缩绝缘件内径时,则应先安装冷收缩绝缘件,然后压接接线端子),如图 3-5 所示。

⑨ 用绝缘橡胶带包绕接线端子与线芯绝缘之间的间隙,外面再包绕耐漏痕带。

图 3-5　已制作完成的冷缩电缆头

⑩ 在三相线芯分支套支管外包绕相色标志带。

分别在收缩后各相冷缩管和冷缩支套的端口处包绕半导体自粘带。这样,既能使冷缩管外半导体层与电缆外半导体屏蔽层良好接触,又能起到轴向防水防潮的作用。

包绕自粘带,是冷缩接头防潮密封的关键环节,要以重叠法从接头一端起向另一端包绕,然后再反向包绕至起始端。每层包绕后,应用双手依次紧握,使之更好地粘合。包绕时应拉力适当,做到包绕紧密无缝隙。

3. 导线连接器应用技术

导线连接器和接线端子的用途和适用领域不同。用途上,导线连接器主要用于导线和导线的连接,而接线端子主要用于导线与设备或机器的连接。适用的场合,导线连接器主要是埋在墙壁、地下,藏在建筑里,而接线端子用以安装在如配电箱、洗衣机这样的机器里。

(1)功能

适用于额定电压交流 1kV 及以下和直流 1.5kV 及以下建筑电气细导线(6mm² 及以下的铜导线)的连接。通过螺纹、弹簧片以及螺旋钢丝等机械方式，对导线施加稳定可靠的接触力。建筑电气配电线路的分支线路及插座、灯具、吊扇等末端设备安装工程中，需完成大量 6mm² 及以下截面导线的接续、分线、T 接工作。

（2）分类

按结构分为：螺纹型连接器、无螺纹型连接器（包括：通用型和推线式两种结构）和扭接式连接器，其工艺特点详见表3-2，能确保导线连接所必须的电气连续、机械强度、保护措施以及检测维护 4 项基本要求。

符合 GB 13140—2008 系列标准的导线连接器产品特点说明

表 3-2

比较项目 \ 连接器类型	无螺纹型		扭接式	螺纹型
	通用型	推线式		
连接原理图例				
制造标准代号	GB 13140.3		GB 13140.5	GB 13140.2
连接硬导线（实心或绞合）	适用		适用	适用
连接未经处理的软导线	适用	不适用	适用	适用
连接焊锡处理的软导线	适用	适用	适用	不适用
连接器是否参与导电	参与		不参与	参与/不参与
IP 防护等级	IP20		IP20 或 IP55	IP20
安装工具	徒手或使用辅助工具		徒手或使用辅助工具	普通螺丝刀
是否重复使用	是		是	是

（3）导线连接器安装使用

1）根据被连接导线的截面积、导线根数、软硬程度，选择正确的导线连接器型号。

2）根据连接器型号所要求的剥线长度，剥除导线绝缘层。

3）按图 3-6、图 3-7 所示，安装或拆卸无螺纹型导线连接器。

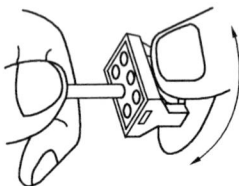

图 3-6　推线式连接
器的导线

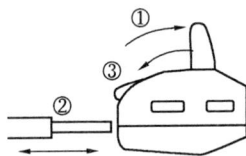

图 3-7　通用型连接器的
导线安装

4）推线型连接器作为独立单元的带无螺纹型夹紧件的连接器件，通过簧片、弹簧或凸轮机构等构成的"无螺纹型夹紧部件"，对被连接导线产生接触力，实现电气连接。

此类连接器也被称为："插接式连接器"或"推线式连接器"，按连接导线连接能力（同时连接导线的根数），无螺纹型连接器可分 2~8 孔等多种规格，并有"并插"与"对插"之分。

需要说明的是：无螺纹型导线连接器本身是参与导电的，因此有载流量限制，选用时应注意与被连接导线匹配，否则可能因过载而损坏。

5）如图 3-8 所示，安装或拆卸扭接式导线连接器。

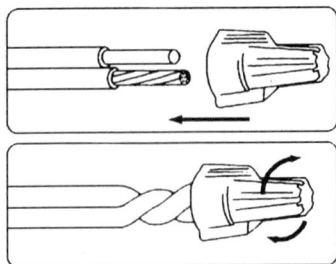

6）扭接式连接器导体间接触力来自绝缘外壳及内嵌的圆锥形螺旋钢丝。连接器旋转过程中，方截面钢丝的棱线会在

图 3-8　扭接式连接器的
安装示意图

导体表面形成细小刻痕，并使导线形成扭绞状态，如图 3-8 所示，同时圆锥形螺旋钢丝产生扩张趋势，对导线施加足够压力。因外形与使用方式类似机械设备中的"帽形螺母"，此类连接器又被称为"接线帽"。

7）扭接式连接器在电气连续、机械强度、绝缘防护方面都优于焊接工艺，且完全徒手操作（如果使用螺母套筒等辅助工具可进一步提高工效），施工方便、高效。

4. 超高层电缆敷设

在超高层供电系统中，有时采用一种特殊结构的高压垂吊式电缆，这种电缆不论多长多重，都能靠自身支撑自重，解决了普通电缆在长距离的垂直敷设中容易被自身重量拉伤的问题。它由上水平敷设段、垂直敷设段、下水平敷设段组成。

（1）电缆

高压垂吊式电缆由上水平敷设段、垂直敷设段、下水平敷设段组成，电缆在垂直敷设段带有 3 根钢丝绳，并配吊装圆盘，钢丝绳用扇形塑料包覆，并与三根电缆芯绞合，水平敷设段电缆不带钢丝绳。

（2）吊装圆盘

吊装圆盘为整个吊装电缆的核心部件，由吊环、吊具本体、连接螺栓和钢板卡具组成，其作用是在电缆敷设时承担吊具的功能并在电缆敷设到位后承载垂直段电缆的全部重量。

（3）穿井梭头

电缆的吊装圆盘在穿越电气竖井口时，很容易被井口卡住，造成电缆受损，通过梭头来保护。

（4）防摆动定位装置

在吊装过程中，控制电缆摆动。

（5）施工工艺

1）施工前对电缆型号、电压及规格应全面核查。核实电缆生产编号、订货长度、电缆外观无损伤，电缆密封应严密；电缆应做耐压和泄漏试验，试验标准应符合国家标准和规范的要求，电缆敷设前还应用 2.5kV 摇表测量绝缘电阻是否合格。

2）对每个井口的尺寸及中心垂直偏差进行测量，并安装槽钢台架，如图 3-9 所示。

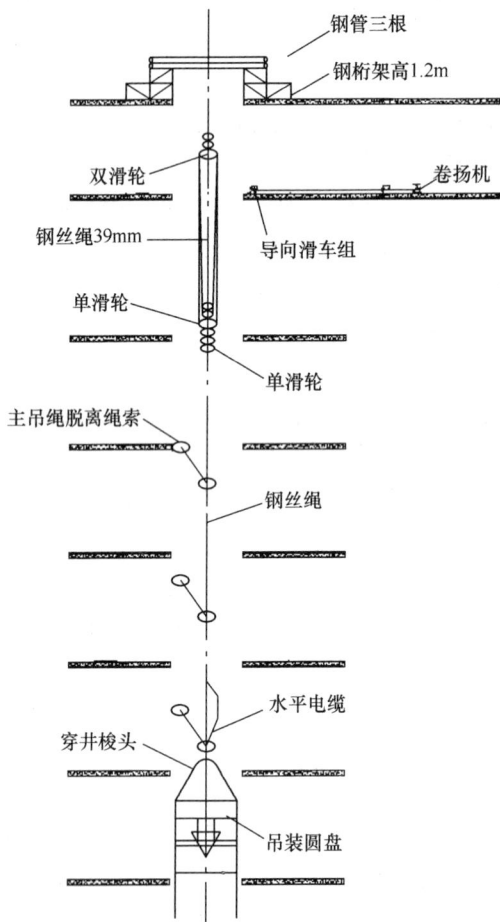

图 3-9　支架安装敷设示意图

3）安装多台卷扬机吊运电缆（交替提升，解决卷扬机容绳量不足），采用自下而上垂直吊装敷设的方法。吊装卷扬机布置在电气竖井的最高设备层或以上楼面。

4）设计穿井梭头，用以扶住吊装圆盘，让其顺利穿过井口。

5）架设专用通信线路，在电气竖井内每一层备有电话接口。指挥人、主吊操作人、放盘区负责人还必须配备对讲机。

6）电缆盘架设：电缆盘至井口应设有缓冲区和下水平段电缆脱盘后的摆放区，面积大约30～40m²。

7）选用垂直受力锁紧特性的活套型网套，同时为确保吊装安全可靠，设一根直径12.5mm保险附绳，当上水平段电缆全部吊起，将主吊绳与吊装圆盘连接，同时将垂直段电缆钢丝绳与吊装圆盘连接。当吊装圆盘连接后，组装穿井梭头。开启卷扬机提升电缆，在吊装过程中，在电气竖井井口安装防摆动定位装置，可以有效的控制电缆摆动。

8）电缆施工完成后首先将上水平段电缆与主吊绳并拢，并用绑扎带捆绑，应由下而上每隔2m捆绑，直至绑到电缆头，吊运上水平段和垂直段电缆。吊装圆盘在槽钢台架上固定后，还要对其辅助吊挂，目的是使电缆固定更为安全可靠。在吊装圆盘及其辅助吊索安装完成后，电缆处于自重垂直状态下，将每个楼层井口的电缆用抱箍固定在槽钢台架上。水平段电缆通常采用人力敷设。在桥架水平段每隔2m设置一组滚轮。

（6）另一种"超高层建筑电缆垂直敷设方法"，是先将整盘电缆吊运上高层，利用高位势能把电缆由上往下输送敷设，用分段设置的"阻尼缓速器"对下放过程产生的重力加速度加以克制，其效果既安全快捷，又确保电缆绝缘质量完好。适用于该建筑必须具备将整盘电缆吊运上顶层的条件。

1）敷设前沿电缆走向的桥架（支架）应全部安装完成。

2）"阻尼缓速器"的安制，注意导轮的材质选用结实木材。支架的组合方式可按现场条件而定，安装要靠近电缆桥架（便于电缆从导轮移入桥架排列）固定在坚实的建筑结构上，如楼板、框架、剪力墙。在高层起点处装一个简易制动器。

3）将所敷设的电缆整盘吊运至所设定高层位置。

4）沿敷设路径自上而下将电缆从阻尼器移入桥架，排列固定。

5）始端、终端电缆尺寸预留挂编号牌，自上而下一段接一段绑扎固定。

5. 预分支电缆敷设技术

预分支电缆是工厂在生产主干电缆时按用户设计图纸预制分支线的电缆，是近年来的一项新技术产品，与原技术相比具有优良的抗振性、气密性、防水性。

（1）功能

预分支电缆是高层建筑中母线槽供电的替代产品，他具有供电可靠、安装方便、防水性好、占建筑面积小、故障率低、价格便宜、免维修维护等优点，适用于交流额定电压为 0.6/1kV 配电线路中。广泛应用于高中层建筑、住宅楼、商厦、宾馆、医院电气竖井内垂直供电，也适用于隧道、机场、桥梁、公路等供电系统。

（2）分类

预分支电缆由主干电缆、分支线、分支接头、相关附件四部分组成，并具有三种类型：普通型、阻燃型（ZR）、耐火型（NH）。

（3）预分支电缆安装

1）根据设计图纸要求熟悉确定电缆的敷设方向和位置，核实电缆的型号规格及包装顺序。

2）预分支电缆敷设简单，安装便捷，使用环境要求低，可直接敷设于电缆沟内、建筑的专用电缆竖井内，也可敷设于不同的电缆桥架中。

3）将预分支电缆线盘放在放线架上。

4）当电缆垂直安装时，电缆放线架至于楼下，将电缆通过绳索用卷扬机或滑轮组提升，要求每层楼须有专业施工人员。预分支电缆到终端后将电缆挂在安装好的挂具钩上。

5）每层施工人员对预制分支电缆主干线和分支线按要求由

上而下的安装固定夹具。中间部位进行固定。

6) 当电缆水平安装时,电缆放线架至于受电位置,由专人指挥,每隔 2m 一人将电缆通过人力施放。

7) 安装完毕后清理现场,将主干线、分支线与电器控制装置分别按相序进行连接;对预制分支电缆各相所接的各回路,进行绝缘电阻测量。

8) 敷设时尽量采用顺向吊装,当施工现场受到限制或有特殊要求时,也可采用逆向放装。无论哪种放设方式,其过程中不许提前放开支线,防止分支体在通过孔洞时刮伤,并且避免受到过大的机械外力。

9) 敷设安装过程中不能小于 $25d$ 电缆弯曲半径。

10) 主干线和分支线与受电测电器和用电测电器连接时,必须使用金属线夹,并正确的选用线夹的金属类型。

6. 母线安装

母线的种类分为:硬母线、软母线等。

(1) 硬母线的安装

1) 硬母线装置安装前,应具备一定的施工条件,施工前应全面对外观检查:母线表面应光洁平整,不应有裂纹、折皱、夹杂物及变形和扭曲现象。成套供应的封闭母线、插接母线槽的各段应标志清晰,附件齐全,外壳无变形,内部无损伤。施工时严格按照设计图纸走向施工。

2) 螺栓固定的母线搭接面应平整,其镀银层不应有麻面、起皮及未覆盖部分。

3) 硬母线装置安装用的紧固件,除地脚螺栓外应采用符合国家标准的镀锌制品,户外使用的紧固件应用热镀锌制品。

4) 硬母线的连接贯穿螺栓连接或夹板及夹持螺栓搭接;各种金属构件的安装螺孔不应采用气焊割孔或电焊吹孔。

5) 母线与母线或母线与电器接线端子的螺栓搭接面的安装,母线接触面必须保持清洁,并涂电力复合脂。

6) 母线平置时,贯穿螺栓应由下往上穿,其余情况下,螺母应置于维护侧，螺栓长度宜露出螺母 2~3 扣（最好用长度计量单位）。贯穿螺栓连接的母线两外侧均应有平垫圈，相邻螺栓垫圈间应有 3mm 以上的净距，螺母侧应装有弹簧垫圈或锁紧螺母。螺栓受力应均匀，不应使电器的接线端子受到额外应力，母线的接触面应连接紧密。

（2）软母线架设

软母线架设前首先对外观检查：母线表面应光洁平整，不应有扭结、松股、断股、其他明显的损伤或严重腐蚀等缺陷；扩径导线不得有明显凹陷和变形。采用的金具除应有质量合格证外，所用规格应相符，零件配套齐全。表面应光滑，无裂纹、伤痕、砂眼、锈蚀、滑扣等缺陷，锌层不应剥落。线夹船形压板与导线接触面应光滑平整，悬垂线夹的转动部分应灵活。

1）软母线施工先前，配电站内构架等配套工程已施工完成，架设前先测量档距，绝缘子串、连接金具的总长度测量，其测量方法是先将绝缘子串、连接金具（含耐张线夹）组装好并垂直挂起，测量从 U 型环内侧到耐张线夹钢锚内孔处之间的距离。

2）确定导线下料长度，导线测量准确后，做好标记，在断口两侧各 20mm 处用铝丝扎牢，切断时断面应整齐，无毛刺，并与线股轴线垂直；导线切割长度的测量应先考虑自然弯曲，保证测量值的准确性，然后开始下料，导线切割后需及时压接。

3）软母线压接时，为确保压接后的握着力符合要求，避免伸入长度不够而将设备线夹压扁，要求导线应按要求长度伸入线夹内。当软母线采用钢制各种螺栓型耐张线夹或悬垂线夹连接时，必须缠绕铝包带，其绕向应与外层铝股的旋向一致，两端露出线夹口不应超过 10mm，且其端口应回到线夹内压住。

4）导线放线时采用制动式放线架，活嘴线夹牵引，张力展放，匀速缓慢操作，防止导线发生扭绞，导线不得与地面摩擦，不得有导线扭结、断股和明显松股等。地面宜用地板革或地毯做全长保护，防止导线损伤。

5）用绳索或吊车先将一端绝缘子串、连接金具、耐张线夹用 U 型环安装到构架上。再安装将另外一端绝缘子串、连接金具、耐张线夹用安装到构架上；同一档距内三相母线的弛度应一致，相同布置的分支线，宜有同样的弯度和弛度。线夹螺栓必须均匀拧紧，紧固 U 型螺丝时，应使两端均衡，不得歪斜；螺栓长度除可调金具外，宜露出螺母 2～3 扣。

6）母线跳线和引下线安装后，应呈似悬链状自然下垂；其与构架及线间的距离不得小于规范的规定。螺栓连接线夹应用力矩扳手紧固。

7）软母线与金具的规格和间隙必须匹配。导线及线夹接触面均应按规定清除氧化膜，并用汽油或丙酮清洗，清洗长度不得少于连接长度的 1.2 倍，导线接触面涂电力复合脂。

8）软母线与电器接线端子连接时，不应使电器接线端子受到超过允许的外加应力。具有可调金具的母线，在导线安装调整完毕之后，必须将可调金具的调节螺母锁紧。

（二）负荷开关、隔离开关

负荷开关——可以开断和接通系统正常负载电流，但不能分断系统故障电流。

隔离开关——只能开断和接通系统空载电流，并且作为主接线系统明显断开点，在检修过程中作为系统明显断开点。

1. 负荷开关

（1）功能

负荷开关是介于隔离开关和断路器之间的一种开关电器，具有简单的灭弧装置，能切断额定负荷电流和一定的过载电流，但不能切断短路电流。

（2）分类

按电压可分为高压负荷开关和低压负荷开关。

常用的高压负荷开关：固体产气式高压负荷开关、压气式高压负荷开关、压缩空气式高压负荷开关、SF6 式高压负荷开关、真空式高压负荷开关。

（3）负荷开关安装

1）负荷开关安装前，首先复核设备基础、预埋件等尺寸、位置是否符合设计要求。

2）负荷开关到达施工现场后，利用吊车将设备整体吊装至工作位置；安装位置、方向等要正确并符合设计图纸要求。

3）用水平尺等工具调整好设备水平垂直度，用螺栓固定牢固，安装过程中，必须保持静触头朝上。

4）负荷开关固定牢靠后，设备外壳与接地干线要可靠连接。

5）母线与负荷开关连接时，母线和接线端子要涂电力复合脂，采用镀锌螺栓连接，螺栓必须均匀拧紧。

6）二次回路接线应牢固可靠，电缆线芯应采用异形白管标明其回路编号，编号应与设计图纸一致。

（4）负荷开关的调试

1）负荷开关通电使用前应全面检查负荷开关的操作机构和传动机构连接是否紧固，零件是否完整，负荷开关的具体工作位置应与操作机构分合指示灯相同。

2）绝缘子应保证完整性，不存在闪络放电情况。灭弧喷嘴、装置未见明显异常。保证动静触头良好的工作状态。处于分闸位置时，分开的垂直距离符合规定；处于合闸位置时，无侧击，切合深度合理，接触良好。无连接点过热变速或腐蚀现象。

3）负荷开关调试过程中未见明显异常声音，包括过大的振动等。在负荷开关合闸时，主固定触头应可靠地与主刀刃接触；分闸时，三相的灭弧刀片应同时跳离固定灭弧触头。灭弧筒内产生气体的有机绝缘物应完整无裂纹，灭弧触头与灭弧筒的间隙应符合要求。

4）负荷开关三相触头接触的同期性和分闸状态时触头间净距及拉开角度应符合设计要求。

（5）负荷开关维护

按照负荷开关的分合次数和分段电流大小，负荷开关的维护频率进行具体确定。

1) 观察有关的仪表指示应正常，以确定负荷开关现在的工作条件正常。如果负荷开关的回路上装有电流表，则可知道该开关是在轻负荷还是重负荷，甚至是过负荷运行；如果有电压表指示母线电压，则可知道该开关是在额定电压下还是在过电压下运行。这都是该开关的实际运行条件，它直接影响到负荷开关的工作状态。

2) 观察运行中的负荷开关应无异常声响，如滋火声、放电声、过大的振动声等。

3) 观察运行中的负荷开关应无异常气味。如绝缘漆或塑料护套挥发出气味，就说明与负荷开关连接的母线在连接点附近过热。

4) 对于操作任务较重且工作条件较差的负荷开关，其连接点有无过热变色现象，灭弧装置、喷嘴有无异常现象；若其烧灼情况过于严重，需及时更换；

5) 对于烧灼程度较轻的负荷开关，则可在及时有效的修理后，继续使用。

2. 隔离开关

（1）功能

隔离开关主要用来隔离电路。在分段状态下有明显可见的断口，在关合状态下，导电系统中可以通过正常的工作电流和故障时的短路电流。隔离开关没有灭弧装置，除了能开断很小的电流外，不能用来开断负荷电流，更不能开断短路电流，但隔离开关必须具备一定的动、热稳定性。隔离开关的主要作用如下：

1) 在设备检修时，用隔离开关来隔离有电和无电部分，造成明显的断开点，倒修的设备与电力系统隔离，以保证工作人员和设备的安全。

2) 隔离开关和断路器相配合，进行倒闸操作，以改变运行方式。

3) 用来开断小电流电路和旁（环）路电流。

4）用隔离开关进行 500kV 小电流电路和旁（环）路电流的操作。但须经计算符合隔离开关技术条件和有关调度规程后方可进行。

（2）隔离开关分类

隔离开关分类　　　　　　　　　　　　　　　表 3-3

分类方式	类别
按装设地点的不同	户内式、户外式
按支持绝缘子的数目	单柱式、双柱式、三柱式

（3）隔离开关安装

1）隔离开关安装前变配电站内隔离开关构架等已按设计要求安装完成并验收合格。

2）隔离开关安装前检查所有的部件、附件、备件应齐全，无损伤变形及锈蚀；瓷件应无裂纹及破损；隔离开关接线端子及载流部分应清洁，且接触良好，触头镀银层无脱落，触头及操动机构的金属传动部件应有防锈措施。隔离开关的底座转动部分应灵活，并应涂适合当地气候的润滑脂。操动机构的零部件应齐全，所有固定连接部件应紧固，转动部分应涂适合当地气候的润滑脂。

3）隔离开关检查完成后组装隔离开关，首先用吊车分别将隔离开关本体吊装到安装位置，用水平仪找正、找平后用镀锌螺栓将其固定牢固；设备外壳与接地干线要可靠连接。

4）按照设计高度要求将操作机构固定在支架上，根据实际尺寸配置延长轴安装操作机构，然后按传动轴位置固定操作杆的长度，并在操作杆两端焊上可调节螺栓，以便于调节操作杆的长度。安装延长轴、轴承、联轴器、中间轴轴承及拐臂等传动部件，其安装位置应正确，固定应牢靠；传动齿轮应咬合准确，操作轻便灵活。

5）隔离开关传动装置的安装拉杆应校直，拉杆的内径应与操动机构轴的直径相配合，两者间的间隙不应大于 1mm；连接部分的销子不应松动。定位螺钉应按产品的技术要求进行调整，并加以固定。

6）水平转动隔离开关人工操作机构的手柄，操作机构带动隔离开关操作轴转动 90°，使隔离开关一支柱绝缘子转动，通过调节螺杆带动另一支柱绝缘子转动，达到使支柱绝缘子上方的左、右导电部分同时进行分闸和合闸的目的。

7）操作人力操作机构使接地开关操作轴转动 90°，带动接地开关在垂直面上下转动，以达到分闸和合闸的目的。

（4）隔离开关调试

1）隔离开关安装完成后将隔离开关及操作机构接地，接地刀刃转轴上的扭力弹簧或其他拉伸式弹簧应调整到操作力矩最小，并加以固定；在垂直连杆上涂黑色油漆。所有传动部分应涂适合当地气候条件的润滑脂。

2）当拉杆式手动操动机构的手柄位于上部或左端的极限位置，或蜗轮蜗杆式机构的手柄位于顺时针方向旋转的极限位置时，应是隔离开关或负荷开关的合闸位置；反之，应是分闸位置。相间连杆应在同一水平线上。

3）隔离开关的导电部分，以 0.05mm×10mm 的塞尺检查，对于线接触，应塞不进去；对于面接触，其塞入深度：在接触表面宽度为 50mm 及以下时，不应超过 4mm；在接触表面宽度为 60mm 及以上时，不应超过 6mm。触头间应接触紧密，两侧的接触压力应均匀，且符合产品的技术规定。

4）触头表面应平整、清洁，并应涂薄层电力复合脂；载流部分的可挠连接不得有折损；连接应牢固，接触应良好；载流部分表面应无严重的凹陷及锈蚀。三相联动的隔离开关，触头接触时，不同期值应符合产品的技术规定。当无规定时，应符合表3-4 规定。

5）母线与隔离开关接线端子连接时应涂薄层电力复合脂。

6）隔离开关的闭锁装置应动作灵活、准确可靠；带有接地刀刃的隔离开关，接地刀刃与主触头间的机械或电气闭锁应准确可靠。隔离开关的辅助开关应安装牢固，并动作准确，接触良好，其安装位置应便于检查；装于室外时，应有防雨措施。

三相隔离开关不同期允许值 表3-4

电压（kV）	相差值（mm）
10～35	5
63～110	10
220～330	20

（三）断 路 器

断路器是控制电气回路的分合开关，若以空气为灭弧介质的称空气断路器（开关）、若以 SF6 气体为灭弧介质的称六氟化硫断路器（开关）。断路器一般以额定电流（负荷）选择，作为电气回路的总开关使用。能够开断、承载正常回路条件下的电流并能在规定的时间内承载和开断异常回路条件下的电流的开关装置。具有过载、短路和欠电压保护功能，有保护线路和电源的能力。

1. 真空断路器

（1）功能

真空断路器因其灭弧介质和灭弧后触头间隙的绝缘介质都是高真空而得名；其具有体积小、重量轻、适用于频繁操作、灭弧不用检修的优点，在配电网中应用较为普及。可供工矿企业、发电厂、变电站中作为电器设备的保护和控制之用，特别适用于要求无油化、少检修及频繁操作的使用场所。

（2）分类

真空断路器可以分为高压真空断路器与低压真空断路器。按装设地点的不同可以分为户内真空断路器和户外真空断路器。本节介绍户外真空断路器。

（3）真空断路器安装

1）真空断路器安装前变配电站内设备基础或设备构架等已按设计要求安装完成并验收合格。

2）真空断路器到达施工现场后，安装前应先复核断路器基础尺寸是否正确，检查所有的安装部件、附件、备件是否齐全。真空断路器灭弧室瓷套与铁件间应粘合牢固，无裂纹及破损。绝缘部件不应变形、受潮。断路器的支架焊接应良好，外部油漆完整。

3）检查完成后利用吊车整体吊装至安装位置，用水平尺等调整好设备水平垂直度，用螺栓固定牢固，安装位置、方向要正确并符合设计图纸要求；设备外壳与接地干线要连接可靠。

4）母线与真空断路器开关接线端子要涂电力复合脂，连接采用镀锌螺栓连接，螺栓必须均匀拧紧。

5）二次回路接线应牢固可靠，电缆线芯应采用异形白管标明其回路编号，编号应与设计图纸一致。

（4）真空断路器调试

1）真空断路器安装完成后应全面检查：安装固定牢靠、外表清洁完整、相色标志正确、接地良好。

2）安装完成后应先进行手动缓慢分、合闸操作，检查无不良现象时方可进行电动分、合闸操作。

3）电气连接应可靠且接触良好，送电前按要求做相关电气试验。

4）真空断路器与其操动机构的联动应正常，无卡阻；分、合闸指示正确；辅助开关动作应准确可靠，接点无电弧烧损。

5）真空断路器的行程、压缩行程及三相同期性，应符合产品的技术规定。

2. 六氟化硫断路器

六氟化硫断路器是利用六氟化硫（SF6）气体作为灭弧介质和绝缘介质的一种断路器。简称 SF6 断路器。

（1）功能

SF6 气体比空气重 5.135 倍，一个大气压时，其沸点为

−60℃。在150℃以下时，SF6有良好的化学惰性，不与断路器中常用的金属、塑料及其他材料发生化学作用。在大功率电弧引起的高温下分解成各种不同成分时，电弧熄灭后的极短时间内又会重新合成。SF6中没有碳元素，没有空气存在，可避免触头氧化。SF6的介电强度很高，且随压力的增高而增长。

（2）分类

SF6断路器结构形式有两种结构布置形式瓷柱式结构和罐式结构。按装设地点的不同可以分为户内式和户外式。

（3）六氟化硫断路器安装

1）六氟化硫断路器在安装前应全面检查：设备的零件、备件及专用工器具应齐全、无锈蚀和损伤变形，如图3-10所示。

图3-10　户外式六氟化硫断路器

2）绝缘件应无变形、受潮、裂纹和剥落。瓷件表面应光滑、无裂纹和缺损，铸件应无砂眼。充有六氟化硫等气体的部件，其压力值应符合产品的技术规定。出厂证件及技术资料应齐全。

3）六氟化硫断路器的基础或支架，基础的中心距离及高度的误差不应大于10mm。预留孔或预埋铁板中心线的误差不应大于10mm。预埋螺栓中心线的误差不应大于2mm。

4）六氟化硫断路器安装吊装器具、吊点应牢固可靠，利用吊车整体吊装至工作位置，所有部件的安装位置、方向正确，支架或底架与基础的垫片不宜超过3片，其总厚度不应大于10mm；各片间应焊接牢固。

5）同相各支柱瓷套的法兰面宜在同一水平面上，各支柱中心线间距离的误差不应大于5mm，相间中心距离的误差不应大于 5mm。并按制造厂规定要求保持其应有的水平或垂直位置。密封槽面应清洁，无划伤痕迹；已用过的密封垫（圈）不得使用；涂密封脂时，不得使其流入密封垫（圈）内侧而与六氟化硫气体接触。

6）密封部位的螺栓应使用力矩扳手紧固，其力矩值应符合产品的技术规定。

7）设备接线端子的接触表面应平整、清洁、无氧化膜，并涂薄层电力复合脂；镀银部分不得挫磨、表面凹陷及锈蚀现象。

（4）六氟化硫断路器调试

1）六氟化硫断路器不应在现场解体检查，当有缺陷必须在现场解体时，应经制造厂同意，并在厂方人员指导下进行。六氟化硫断路器的安装，应在无风沙、无雨雪的天气下进行；灭弧室检查组装时，空气相对湿度应小于 80%，并采取防尘、防潮措施。六氟化硫断路器外观油漆应完整，相色标志正确，接地良好。

2）六氟化硫断路器安装完成应做操动机构的联合动作，在联合动作前，六氟化硫断路器内必须充有额定压力的六氟化硫气体。充加 SF6 气体时，应采取措施，防止 SF6 气体受潮。充完 SF6 气体后，用检漏仪检查管接头和法兰处，不得有漏气现象。

3）电气连接应可靠且接触良好位置指示器动作应正确可靠，其分、合位置应符合六氟化硫断路器的实际分、合状态。

4）六氟化硫断路器及其操动机构的联动应正常，无卡阻现象；分、合闸指示正确；辅助开关动作正确可靠。

5）六氟化硫断路器密度继电器的报警、闭锁整定值应符合规定；电气回路传动正确。具有慢分、慢合装置者，在进行快速分、合闸前，必须先进行慢分、慢合操作。

（四）互　感　器

互感器又称为仪用变压器，是电流互感器和电压互感器的统称。能将高电压变成低电压、大电流变成小电流，用于测量或保护系统。

1. 功能

互感器功能主要是将高电压或大电流按比例变换成标准低电压（100V）或标准小电流（5A 或 1A，均指额定值），以便实现测量仪表、保护设备及自动控制设备的标准化、小型化。同时互感器还可用来隔开高电压系统，以保证人身和设备的安全。按比例变换电压或电流的设备。

2. 分类

互感器分为电压互感器和电流互感器两大类，其主要作用有：将一次系统的电压、电流信息准确地传递到二次侧相关设备；将一次系统的高电压、大电流变换为二次侧的低电压（标准值）、小电流（标准值），使测量、计量仪表和继电器等装置标准化、小型化，并降低了对二次侧设备的绝缘要求；将二次侧设备以及二次系统与一次系统高压设备在电气方面很好地隔离，从而保证了二次侧设备和人身的安全。

（1）按使用条件可分为户内型和户外型。

（2）按用途可分为测量用电压互感器；保护用电压互感器。

（3）按绝缘介质分：

干式电压互感器。由普通绝缘材料浸渍绝缘漆作为绝缘，多用在及以下低电压等级。

浇注绝缘电压互感器。由环氧树脂或其他树脂混合材料浇筑成型，多用在及以下低电压等级。

油浸式电压互感器。由绝缘纸和绝缘油作为绝缘，是我国最常见的结构型式，常用于及以下高电压等级。

气体绝缘电压互感器。由气体作主绝缘，多用在较高电压等级。

通常专供测量用的低电压互感器是干式，高压或超高压密封式气体绝缘（如六氟化硫）互感器也是干式。浇注式适用于35kV及以下的电压互感器，35kV以上的产品均为油浸式。

3. 电压互感器安装

（1）由于电压互感器的型式、规格不同，布置也不全相同，所以对安装水平误差不能作出具体规定，但对于油浸式互感器，其安装面应水平，对于同一种型式，同一种电压等级的互感器，当并列安装时，要求在同一水平面上，极性方向应一致，做到整齐美观。

（2）电压互感器安装时应注意变比分接头的位置和极性应符合规定。二次接线板应完整，引线端子应连接牢固，绝缘良好，标志清晰，二次侧不允许短路。

（3）油位指示器、瓷套法兰连接处、放油阀均应无渗油现象。各组件联接处的接触面，除去氧化层之后应涂电力复合脂。

（4）互感器安装时，一般情况下无需补油，对是否需要补油以及补油时应注意什么事项，制造厂均有规定，应按制造厂的规定进行。

（5）电压互感器分级绝缘的电压互感器，其一次绕组的接地引出端子，电压互感器的外壳必须可靠接地。

4. 电流互感器安装

（1）电流互感器安装必须牢固，电流互感器外壳的金属外露部分应可靠接地。

（2）同一组电流互感器应按同一方向安装，以保证该组电流互感器一次及二次电流回路的正方向均一致，并尽可能易于观察铭牌，电流互感器二次侧不允许开路，对二次双回合互感器只用一个二次回路时，另一个二次回路应可靠接地。

（3）电流互感器极性不能接反，相序、相别应符合设计及规程要求，对于差动保护用的互感器接线，在投入运行前必须测定两臂电流相量图以检验接线的正确性。

（4）二次回路导线或电缆，接线正确，导线两端编号标记应清楚，均应采用铜线，电流互感器回路导线截面不应小于 2.5mm²。

（5）二次回路导线排列应整齐美观，导线与电气元件及端子排的连接螺丝必须无虚接松动现象，导线绑扎卡点距离应符合规程要求。电流及电压回路，均应在互感器二次侧出口处一点接地。

（6）电压回路应有熔断器保护。电流互感器出口第一端子排应选用专用电流端子，电流互感器不使用的二次绕组在接线板处应短路并接地。

5. 互感器调试

（1）电压互感器（PT）和电流互感器（CT）是电力系统重要的电气设备，它承担着高、低压系统之间的隔离及高压量向低压量转换的职能。

（2）在新安装 PT、CT 投运或更换 PT、CT 二次电缆时，利用极性试验法检验 PT、CT 接线的正确性，已经是继电保护工作人员必不可少的工作程序。

（3）避免其极性接反就是要找到互感器输入和输出的"同名端"，具体的方法就是"点极性"。这里以电流互感器为例说明如何点极性。具体方法是将指针式万用表接在互感器二次输出绕组上，万用表打在直流电压档；然后将一节干电池的负极固定在电流互感器的一次输出导线上；再用干电池的正极去"点"电流互感器的一次输入导线，这样在互感器一次回路就会产生一个"＋"（正）脉冲电流；同时观察指针万用表的表针向哪个方向"偏移"，若万用表的表针从 0 由左向右偏移，即表针"正启"，说明你接入的"电流互感器一次输入端"与"指针式万用表正接线柱连接的电流互感器二次某输出端"是同名端，而这种接线就称为"正极性"或"减极性"；若万用表的表针从 0 由右向左偏移，即表针"反启"，说明你接入的"电流互感器一次输入端"与"指针式万用表正接线柱连接的电流互感器二次某输出端"不是同名端，而这种接线就称为"反极性"或"加极性"。

（4）电流互感器二次可以短路，但是不得开路；电压互感器二次可以开路，但是不得短路。把大电流按规定比例转换为小电流的电气设备，称为电流互感器。电流互感器副边的电流一般规定为5A或1A，以供给电流表、功率表、千瓦小时表和继电器的电流线圈电流。

（五）避　雷　器

避雷器通常连接在电网导线与地线之间，然而有时也连接在电器绕组旁或导线之间。通常与被保护设备并联。避雷器可以有效地保护电气设备，一旦出现不正常电压，避雷器将发生动作，起到保护作用。当线路或设备在正常工作电压下运行时，避雷器不会产生作用，对地面来说视为断路。

1. 功能

用于保护电气设备免受雷击时高瞬态过电压危害，并限制续流时间，也常限制续流赋值的一种电器。避雷器有时也称为过电压保护器，过电压限制器。

2. 分类

避雷器分为很多种，有金属氧化物避雷器，线路型金属氧化物避雷器，无间隙线路型金属氧化物避雷器，全绝缘复合外套金属氧化物避雷器，可卸式避雷器等。

避雷器的主要类型有管型避雷器、阀型避雷器和氧化锌避雷器等。每种类型避雷器的主要工作原理是不同的，但是它们的工作实质是相同的，都是为了保护线路和电气设备不受损害。

3. 避雷器安装

（1）避雷器安装前应检查：避雷器瓷件应无裂纹、破损，瓷套与铁法兰间的粘合应牢固，法兰泄水孔应通畅，底座和拉紧绝缘子绝缘应良好。

（2）避雷器安装时配电站内构架等应安装完成并验收合格；

避雷器安装固定应牢固、垂直，每个元件的中心线与安装点中心线的垂直偏差应小于1.5‰×元件高度。如有歪斜，可在法兰间加金属片校正，但应保证其导电良好。

（3）并列安装的避雷器三相中心应在同一直线上（见图3-11）；铭牌应位于易于观察的同一侧。带串、并联电阻的阀式避雷器安装时，同相组合单元间的非线性系数的差值应符合现行国家标准《电气装置安装工程电气设备交接试验标准》GB 50150—2016的规定。

图3-11　已安装完成的户外式避雷器

（4）避雷器各连接处的金属接触表面，应除去氧化膜及油漆，并涂一层电力复合脂。

（5）放电计数器应密封良好、动作可靠，并应按产品的技术规定连接，安装位置应一致，且便于观察；接地应可靠，放电计数器宜恢复至零位。

（6）避雷器油漆完整，相色正确，接地良好，避雷器引线的连接不应使端子受到超过允许的外加应力。

4. 避雷器调试

（1）避雷器安装完成后测量避雷器的绝缘电阻，目的在于初步检查避雷器内部是否受潮；有并联电阻者可检查其通、断、接触和老化等情况。

（2）对35kV及以下的用2500V兆欧表；对35kV及以上的

用 5000V 兆欧表；低压的用 500V 兆欧表测量。

（3）避雷器放电记录器的检查方法采用专用的能产生模拟标准雷电流、电压的避雷器放电记录器校验仪，对放电记录器进行放电检查。也可以用 2500V 兆欧表对一只 $4\sim6\mu F$ 电容充电，充好电后，除去兆欧表接线，将电容器对记录器放电，观察动作情况。用万用表测量记录器整体电阻并与同类型记录器比较。

（六）高低压开关柜

高低压开关柜是一种配电设备，外线先进入柜内主控开关，然后进入分控开关，各分路按其需要设置。如仪表、自控、电动机磁力开关，各种交流接触器等，有的还专门设有高压室与低压开关室，设有高低压母线等。

1. 功能

高低压开关柜是用于电力系统的电气柜设备。高低压开关柜的作用是在电力系统进行发电、输电、配电和电能转换的过程中，进行开合、控制和保护。高低压开关柜内的部件主要有高低压断路器、高低压隔离开关等。一般变电所都是用高压柜，然后经变压器降压再到低压柜，低压柜再到各个用电的配电箱。

2. 分类

高低压开关柜的分类方法很多，如通过断路器安装方式可以分为移开式高低压开关柜和固定式高低压开关柜，或按照柜体结构的不同，分为敞开式高压开关柜、金属封闭箱式高低压开关柜、金属封闭间隔式高压开关柜和金属封闭铠装式高低压开关柜等。

3. 高低压开关柜安装

（1）安装人员在安装前对安装施工图及作业指导书进行学习，了解技术标准，明确作业程序。

（2）高低压开关柜安装前应先根据设计图纸，完成高低压开关柜基础型钢安装，基础型钢其顶部宜高出抹平地面 10mm，允许偏差详见表3-5；手车式成套柜按产品技术要求执行。基础型钢应固定可靠有明显的可靠接地。预留孔的位置和尺寸，应符合设计要求，预埋件应牢固。外露部分铁件应做好防腐处理。

基础型钢安装的允许偏差 　　　　　　　　表 3-5

项目	允许偏差	
	mm/m	mm/全长
不直度	<1	<5
水平度	<1	<5
位置误差及不平行度		<5

（3）高低压开关柜运至现场后，按安装顺序吊运至配电室，如图 3-12 所示。按设计位置和尺寸把第一块盘柜用线锤和水平尺进行找正，如达不到要求可在柜底垫垫块，但垫块不能超过三块且垫块不能有松动，再用线坠测量其垂直度，不符合规范要求时，在柜底四角加垫铁调整，达到要求后，将柜体及基础型钢固定。

图 3-12　第一面高压开关柜安装

柜体垂直度≤1.5/1000H，H 为柜高。

（4）第一面开关柜安装好后，其他开关柜按第一个柜作为标准拼装起来。通常 10～35kV 高压柜以主变进线盘柜为第一面柜开始安装，然后分别向两侧拼装。如发现基础槽钢的水平误差较大，应选主变进线柜第一面柜的安装位置。依次将高压开关柜逐块找正靠紧。检查盘间螺栓孔应相互对应，如位置不对可用圆锉修整。带上盘间螺栓（不要拧紧），以第一块盘为准，对盘进行统一调整，调整垫铁的厚度及盘间螺丝松紧，使每块盘达到规定要求，依次将各盘固定，如图3-13所示。最后要求成列柜顶水平高差不大于5mm，成列柜面不平度小于5mm，柜间缝隙小于2mm。

图3-13 已安装完成的成排高压开关柜

（5）相邻两柜顶部水平度误差≤1.5mm，成列柜顶部水平误差≤4mm。相邻两柜边不平度为0，成列柜面不平度≤4mm。

（6）柜底螺栓固定或焊接固定，但焊缝长度控制在30mm，每面柜底焊4～6点并做防腐处理。所有紧固螺栓均采用镀锌件，螺栓露扣长度一致，在2～5扣之间。

4. 高低压开关柜内母线安装

高低压柜内母线厂家已配备，安装应先前核验母线规格、数量符合要求，进线相序相位是否一致。

（1）母线制作工艺符合设计图纸标准及规范要求；母线相序标示清楚。

（2）穿接母线用力要均匀、一致、柔缓。

（3）母线搭接面平整、无氧化膜、镀银层不得锉磨，均匀涂抹电力复合脂。

（4）母线连接所有紧固螺栓必须是镀锌件，平垫、弹簧垫齐全。紧固力矩用扭力扳手检查应在规范要求范围内。

（5）母线安装完成后进行核验。高低压柜安装完后，要全面地进行检查，清理工作现场的工具。各转动部分应涂以润滑脂。在母线验收合格后应对所有螺栓进行紧固检查，确认合格的用油性笔划上记号，防止个别螺栓没有紧固。

（6）柜内一次接地母线必须明显可靠接地。柜内有明显的接地标志，接地应牢固。

5. 高低压开关柜调试

（1）高低压开关柜一次设备实际接线情况与柜前接线图及站内一次接线图应保持一致、连接紧固，绝缘距离满足技术要求。

（2）检查开关柜隔离开关质量与机构的联动正常，无卡阻现象；触头接触良好，表面涂有薄层电力复合脂；转动部分灵活无卡阻现象，传动杆应无变形。检查带电显示装置外观清洁；构件无破损。断路器、隔离开关、接地开关分、合闸动作准确、无卡阻、指示正确。手车柜断路器、手车、接地开关与门之间的联锁应满足联锁条件要求，五防功能可靠。

（3）检查接地开关质量与机构的联动正常，无卡阻现象；触头接触良好，表面涂有薄层电力复合脂；转动部分灵活无卡阻现象。柜体接地良好，每个部件的金属构架均应可靠接地，柜内有明显的接地标志，接地线应用裸铜线，接地线数量、接地位置应符合设计图纸要求，接地线截面应满足动、热稳定要求。

（4）检查联锁装置质量按停、送电程序进行联锁操作，程序正确，联锁可靠，满足五防功能要求。检查机械锁外观清洁、无破损；钥匙编号清晰、正确。

（5）高低压开关柜的外部接线，应按接线端头标志进行。接线应排列整齐、清晰、美观，导线绝缘应良好、无损伤。电源侧进线应接在进线端，即固定触头接线端；负荷侧出线应接在出线端，即可动触头接线端。

（6）引入盘、柜的电缆应排列整齐，编号清晰，避免交叉，并应固定牢固，不得使所接的端子排受到机械应力。铠装电缆在进入盘、柜后，应将钢带切断，切断处的端部应扎紧，并应将钢带接地。用于静态保护、控制等逻辑回路的控制电缆，应采用屏蔽电缆。其屏蔽层应按设计要求的接地方式接地。盘、柜内的电缆芯线，应按垂直或水平有规律地配置，不得任意歪斜交叉连接。备用芯线长度应留有适当余量。

（7）强、弱电回路不应使用同一根电缆，并应分别成束分开排列。电器的接线应采用铜质或有电镀金属防锈层的螺栓和螺钉，连接时应拧紧，且应有防松装置。外部接线不得使电器内部受到额外应力。配线时应使控制线与主回路分开。

（8）二次回路接线应按图施工，接线正确。导线与电气元件间采用螺栓连接、插接、焊接或压接等，均应牢固可靠。盘、柜内的导线不应有接头，导线芯线应无损伤。电缆芯线和所配导线的端部均应标明其回路编号，编号应正确，字迹清晰且不易脱色。配线应整齐、清晰、美观，导线绝缘应良好，无损伤。每个接线端子的每侧接线宜为1根，不得超过2根。与电器连接时，端部应绞紧，并应加终端附件或搪锡，不得松散、断股。对于插接式端子，不同截面的两根导线不得接在同一端子上；对于螺栓连接端子，当接两根导线时，中间应加平垫片。二次回路接地应设专用螺栓，以使接地明显可靠。

（9）盘、柜及电缆管道安装完后，应作好封堵。可能结冰的地区还应有防止管内积水结冰的措施。特别是开关柜底部要封堵，应防水、防潮、防尘。

（10）操作及联动试验正确，符合设计要求。

（七）电 气 照 明

1. 照明设备安装

电气照明装置的施工应符合规范要求，电气照明装置的接线应牢固，电气接触应良好；需接地或接零的灯具、开关、插座等非带电金属部分，应有明显标志的专用接地螺钉。安装在绝缘台上的电气照明装置，其导线的端头绝缘部分应伸出绝缘台的表面。根据灯具的安装场所及用途，引向每个灯具的导线线芯最小截面应符合规范规定。

灯具不得直接安装在可燃构件上；当灯具表面高温部位靠近可燃物时，应采取隔热、散热措施。在变电所内，高压、低压配电设备及母线的正上方，不应安装灯具。室外安装的灯具，距地面的高度不宜小于3m；当在墙上安装时，距地面的高度不应小于2.5m。安装在重要场所的大型灯具的玻璃罩，应按设计要求采取防止碎裂后向下溅落的措施。

灯具的安装

根据灯具的形式及安装部位的不同，灯具的安装方式主要分为：嵌入式安装和吸顶安装、另外还有嵌墙安装、悬挂式安装、支架安装等。

1）施工前应根据施工图纸认真核对灯具的规格、型号、附件等。

2）照明灯具在安装前管路及照明线路已按要求施工完成，安装前先进行线路绝缘测量。

3）在混凝土墙或砖墙上安装时，应采用冲击钻钻孔膨胀螺栓固定，钻孔时应避开照明线路。

4）嵌入式灯具安装按照设计图纸，配合装饰工程的吊顶施工确定灯位，如为成排灯具，应先拉好灯位中心线、十字线定位。成排安装的灯具，中心线允许偏差5mm。在吊顶板上开灯位空洞时，应先在灯具中心点位置钻一小洞，再根据灯具边框尺寸，扩大吊顶板眼孔，使灯具边框能盖好吊顶孔洞。轻型灯具直接固定在吊顶龙骨上，超过 3kg 的灯具需要设置灯具吊杆，吊杆采用 $\phi 8$ 的镀锌圆钢丝杆。

5）吸顶式安装，根据设计图确定灯具位置，将灯具紧贴建筑物顶板表面，使灯体完全遮盖住灯头盒，并用冲击钻钻孔膨胀螺栓将灯具固定。在电源线进入灯具进线孔处应套上塑料胶管保护导线，如果灯具安装在吊顶上，则用自带螺栓将灯体固定在龙骨上。

6）在危险性较大及特殊危险场所，当灯具距地面高度小于2.4m 时，应使用额定电压为 36V 及以下的照明灯具，或采取保护措施。

7）电气照明装置施工结束后，对施工中造成的建筑物、构筑物局部破损部分，应修补完整。当在砖石结构中安装电气照明装置时，应采用预埋吊钩、螺栓、螺钉、膨胀螺栓、尼龙塞或塑料塞固定；严禁使用木楔。当设计无规定时，上述固定件的承载能力应与电气照明装置的重量相匹配。

2. 水下照明

水下照明根据不同功能项目和使用要求，安装在水下的照明器。多用于水下观景、装饰、作业照明或水下拍摄影视用的照明等。主要分防浸水和防潜水两种。前者用于喷水池、游泳池等浅水作业区；后者用于规定水深的作业区。水下照明灯还可按结构分为敞开式和封闭式两种。前者用特殊玻璃管将光源密封起来，反射器等部件则全部敞露，能抵抗很大的水压，适用于深水照明；后者用透光玻璃将整个光学系统密封起来，适用于浅水照明。

灯具的安装

1）水下照明灯具安装按照设计图纸确定灯位，无论是明装（支架式水底灯）还是暗装（嵌入式水底灯）将灯具紧贴建筑物表面，用冲击钻钻孔膨胀螺栓将灯具固定。

2）水下照明安装应该预留 0.6～1m 长的电缆线。

3）水下照明设备安装要做到水下照明器具及其附件的任何外露可导电部分和观察窗的任何可导电部分之间不会发生有意或无意的导电连通。

4）需做好防静电措施及水下照明设备产品的密封。

（八）防雷、接地装置安装

防雷是指防止因雷击而造成损害；接地是保证用电设备的正常工作和人身安全而采取的一种用电措施。

接地装置是接地体和接地线的总称，其作用是将闪电电流导入地下，以实现电气系统与大地相连接的目的。接地装置由接地极（板）、接地母线（户内、户外）、接地引下线、避雷针、避雷线、避雷网、避雷带和避雷器等接地组成。上述的针、线、网、带实际上都只是接闪器。除了避雷器外其他都是利用其高出被保护物的突出地位把雷电引向自身经过与其相连的引下线和接地装置把雷电流泄入大地使被保护物免遭直接雷击。

1. 接地体安装

接地体又称接地极，是与土壤直接接触的金属导体或导体群。分为人工接地体与自然接地体。接地装置是由埋入土中的接地体（圆钢、角钢、扁钢、钢管等）和连接用的接地线构成。

（1）自然接地体安装

1）建筑物的钢结构和钢筋、行车的钢轨、埋地的金属管道（可燃液体和可燃可爆气体的管道除外）以及敷设于地下而数量不少于两根的电缆金属外皮等，均可作为自然接地体。

2）变配电所可利用它的建筑物钢筋混凝土基础作为自然接地体。利用自然接地体时，一定要保证电气连接良好。

3）自然接地体的焊接搭接长度应符合圆钢与圆钢搭接为圆钢直径的6倍，双面施焊。

（2）人工接地体

1）人为埋入地下用做接地装置的导体，称为人工接地体。

人工接地体在施工前应先进行土方开挖，可以挖沟槽或整体开挖。

2）垂直接地体的间距不宜小于 5m，水平接地体的间距也不宜小于 5m。

3）将直径 50mm、长 2.5m 的镀锌钢管或 L50×5 的镀锌角钢，人工或采用机械方式垂直打入大地中（见图 3-14）；为了减少外界温度变化对流散电阻的影响，埋入地下的垂直接地体上端距地面不应小于 0.7m。

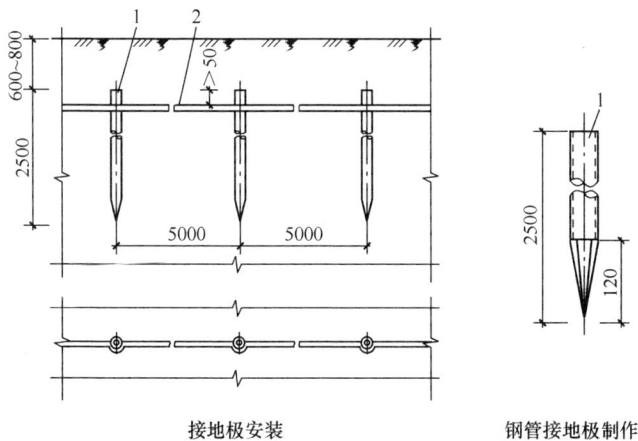

接地极安装　　　　钢管接地极制作

图 3-14　接地极安装及制作

1—接地极；2—接地体

4）垂直接地体之间连接按照设计要求采用－50×5 热镀锌扁钢连接。

5）接地装置焊接的搭接长度应符合扁钢与扁钢搭接为扁钢宽度的 2 倍，不少于三面施焊。

6）圆钢与圆钢搭接为圆钢直径的 6 倍，双面施焊。

7）圆钢与扁钢为圆钢直径的 6 倍，双面施焊。

8）扁钢与钢管、角钢与扁钢焊接，紧贴角钢外侧两面或紧贴 3/4 钢管表面，上下面侧施焊。

9）接地体和接地网引出线焊成闭合回路后应做防腐处理。应按要求回填土方，引出线严禁回填。

10）根据要求按照与电气设备等可靠连接。

2. 避雷针安装

图 3-15　避雷针
1—接闪器；
2—引下线；
3—接地体

避雷针的安装方式有独立避雷针和构架避雷针两种。独立避雷针支持物可采用铁管、铁塔、木杆和钢筋混凝土杆的结构通常用于 35kV 及以下变电所防雷，如图 3-15 所示。构架避雷针就是将避雷针架设在建筑物或配电装置的构架上通常用于保护建筑物或 110kV 及以上变电所。

（1）避雷针安装前接地装置及避雷针基础、预埋件等已施工完成。

（2）避雷针到达施工现场后，利用吊车或其他吊装工具将避雷针树立起来安装。安装位置、方向等要正确并符合设计图纸要求。

（3）用水平尺、经纬仪等工具调整好避雷针水平垂直度，采用镀锌螺栓并加帽固定牢固。

（4）避雷针固定牢靠后，与接地干线要可靠焊接并做防腐处理。

（5）测量接地电阻。

3. 避雷带和避雷网

避雷网和避雷带主要用来保护建筑物或构筑物，沿建筑物屋顶四周已遭受雷击部位装设作为防雷保护作用的金属带或金属网称为接闪器，沿外墙安装引下线接到接地装置上称为避雷带或避雷网，多用于民用建筑。

（1）避雷带安装前，先安装避雷带支架，支架安装位置准确、合理，水平直线部位间距均匀，固定牢固。

（2）避雷带敷设高度一致、顺直，焊接符合要求，焊接长度为避雷带直径的 6 倍，并双面焊接，焊缝打磨光滑，防锈处理到位。

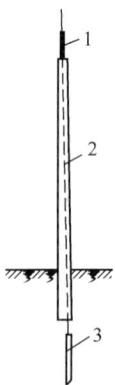

（3）避雷带敷设弯曲半径正确、顺畅，弯曲部位间距不大于0.5m，支架固定牢固、垂直。

（4）当避雷带跨越建筑物变形缝时，应设置补偿装置。

（5）避雷带与引下线要可靠连接，标识清楚。

四、变压器安装

建筑工程中最常用的变压器一般为油浸电力变压器,油浸电力变压器除器身外,还有吸潮器(硅胶筒)、油位计、油枕、防爆管、信号温度计、分接开关、气体信号继电器等附件,本节主要介绍油侵变压器安装,干式变压器因此容量体积较小,一般不需要干燥,安装调试可参考油侵变压器。

(一)变压器分类

1. 按照用途一般分类

(1)电力变压器:

用于输配电系统的升、降电压,如图4-1所示。

(2)仪用变压器:

如电压互感器、电流互感器、用于测量仪表和继电保护装置,如图4-2所示。

图 4-1 电力变压器

图 4-2 仪用变压器

(3)试验变压器:

能产生高压，对电气设备进行高压试验，如图 4-3 所示。

（4）特种变压器：

如电炉变压器、整流变压器、调整变压器、电容式变压器、移相变压器等，如图 4-4 所示。

图 4-3 试验变压器　　　　图 4-4 特种变压器

2. 按相数分为单相和三相变压器

（1）单相变压器：用于单相负荷和三相变压器组。

（2）三相变压器：用于三相系统的升、降电压。

3. 按调压方式分为无载调压和有载调压变压器

（1）无载调压变压器：一般变压器均为无载调压，需停电进行。常分Ⅰ、Ⅱ、Ⅲ三档，$+5\%$、0%、-5%，出厂时一般置于Ⅱ档。

（2）有载调压变压器。

4. 按照冷却介质分为干式和油浸式变压器

（1）干式变压器：依靠空气对流进行自然冷却或增加风机冷却，多用于高层建筑、高速收费站点用电及局部照明、电子线路等小容量变压器。

（2）油浸式变压器：依靠油作为冷却介质、如油浸自冷、油浸风冷、油浸水冷、强迫油循环等。

此外，还有按绕组形式、铁芯形式、冷却介质等进行分类。

建筑工程中使用的常为 10kV 及以下电力变压器，有干式和油浸式两种，布置在室内或室外。一般电力变压器安装工艺过程有：设备现场运输卸车→外观检查→基础安装→本体就位→器身检查→附件安装→变压器试验→系统模拟试验→空载试验。

（二）变压器搬运

变压器是由专业的生产厂家在工厂内按使用单位要求设计完成制造，并在厂内完成出厂前各项检查试验，符合设计标准要求后，再运往使用单位，由专业安装单位组织吊卸、安装就位，现场进行单体调试和联网试运行。变压器运输根据其外形尺寸的大小，选择相应运输吊装工具。小型变压器一般整体出厂，大型变压器分成部件出厂到安装现场再组装成整体。

1. 主要搬运工具

汽车起重机，汽车，卷扬机，吊链，道木，钢丝绳，吊带，滚杠。

2. 变压器场内搬运

（1）变压器场内搬运，一般选择汽车运输，起重机吊装就位；距离比较短且道路良好的场所可以使用滚杠配合卷扬机运输，应由起重工操作，电工配合。

（2）室内安装的变压器就位可用汽车吊直接甩进变压器室内，或用道木搭设临时轨道，用三脚扒杆、吊链吊至临时轨道上，然后用吊链拉入室内合适位置；室外安装的变压器用吊车直接就位。

3. 变压器搬运注意事项

（1）变压器搬运时，应注意保护高低压瓷瓶不受损伤。

（2）变压器搬运过程中，不应有冲击或严重振动情况，利用机械牵引时，牵引的着力点应在变压器重心以下，以防倾斜，运输倾斜角不得超过 15°，防止内部结构变形。

（3）大型变压器在搬运或装卸前，应核对高低压侧方向，以免安装时调换方向发生困难。

（4）室内变压器就位时，应注意其方位和距墙尺寸与图纸相符，允许误差为±25mm，图纸无标注时，纵向按轨道就位，横向距墙不得小于800mm，距门不得小于1000mm。

（5）变压器附件箱要轻拿轻放。

4. 变压器就位

变压器一般安装在室内（图4-5）和室外（图4-6），室外有地面上和杆上安装（图4-7）方式，室内一般安装在地面基础上。

图 4-5　室内变压器

图 4-6　室外变压器

图 4-7　杆上变压器

地面上安装的变压器一般就位在有混凝土基础的轨道上，基础轨道按设计图纸要求制作安装并应可靠接地，接地线材质和截面符合设计图纸或规范要求。

杆上安装的变压器一般就位在金属结构支架上，支架按设计图纸要求制作安装并可靠接地，接地线材质和截面符合设计图纸或规范要求。

（1）变压器安装的一般要求

1）变压器到达现场后，安装单位应与使用单位及监理人员共同检查验收变压器包装是否完好，附、配件是否齐全，技术文件是否完整，规格型号是否符合设计要求。

2）器身表面干净清洁，油漆完整。

3）高低压瓷件表面严禁有裂纹损伤和瓷釉损坏等缺陷。

4）使用的吊具要安全可靠，由专业人员进行操作。

5）检查变压器基础水平、高程及位置应符合设计图纸和产品说明书的要求。变压器附件安装按照产品说明书要求安装，电力变压器及其附件的试验调整和器身检查结果，必须符合施工规范规定。

6）在变压器上方作业时，操作人员不得蹲踩变压器，并带工具带，以防工具材料掉入砸坏、砸伤变压器。

（2）变压器与线路连接

1）连接紧密，连接应使用镀锌或不锈钢螺栓，螺栓锁紧装置齐全，瓷套管不受外力。

2）零线沿器身向下接至接地装置的线段，固定牢靠。

3）器身各附件间的连接的导线有保护管，保护管、接线盒固定牢靠，盒盖齐全。

4）引向变压器的母线及其支架、电线保护管和接零线等均应便于拆卸，不妨碍变压器检修时移动。各连接用的螺栓螺纹露出螺母2～3丝，保护管颜色一致，支架防腐完整。

5）变压器及其附件外壳和其他非带电金属部件均应接地，并符合有关要求。

6）对就位的变压器高低压瓷套管及环氧树脂铸件，应有防砸及防碰撞措施。

（3）变压器主要附件安装

1）储油柜安装：按产品技术文件要求进行检查安装；油位表动作灵活，指示准确，储油柜安装方向正确。

2）气体继电器安装：气体继电器应经检验合格后安装，动作整定值符合要求；气体继电器应水平安装，观察窗应装在便于检查的一侧，顶盖上箭头方向应指向油枕，与连通管的连接应密封良好；电缆引线在接入气体继电器处应有截水弯，进线孔封堵密实；打开放气阀，放出空气，直到有油溢出时将放气阀关上，以免有空气使继电保护器误动作。

3）防潮呼吸器的安装：防潮呼吸器安装前，应检查硅胶是否失效，如已失效，应在 115～120℃ 温度时烘烤 8h，使其复原或更新。浅蓝色硅胶变为浅红色，即已失效；白色硅胶，一律烘烤；防潮呼吸器安装时，必须将呼吸器盖子上橡皮垫去掉，使其通畅，并在下方隔离器具中装适量变压器油，起滤尘作用。

4）温度计的安装：套管温度计安装，应直接安装在变压器上盖的预留孔内，并在孔内加适当变压器油，刻度方向应便于检查；电接点温度计安装前应进行校验；油浸变压器一次元件应安装在变压器顶盖上的温度计套筒内，并加适当变压器油；二次仪表挂在变压器一侧的预留板上。

5）电压切换装置的安装：变压器电压切换装置各分接点与线圈的联线应紧固正确，且接触紧密良好。转动点应正确停留在各个位置上，并与指示位置一致；电压切换装置的拉杆、分接头的凸轮、小轴销子等应完整无损；转动盘应动作灵活，密封良好；电压切换装置的传动机构（包括有载调压装置）的固定应牢靠，传动机构的摩擦部分应有足够的润滑油；有载调压切换装置的调换开关的触头及铜辫子软线应完整无损，触头间应有足够的压力（一般为 8～10kg）。

（三）变压器吊芯检查、干燥

变压器在经过严格的出厂试验、检查、验收后运到使用单位进行安装，当间隔时间较短，包装、运输规范无异常无损伤且就地生产仅作短途运输的可不进行吊芯检查；但油浸变压器在运输保管时期较长的情况下，空气中的水分子有可能进入到变压器里面引起高压线圈的绝缘程度不够，这样就要进行吊芯和干燥处理。凡不符合《电气装置安装工程电力变压器、油浸电抗器、互感器施工及验收规范》GB 50148—2010 附录 A：新装电力变压器及油浸电抗器不需干燥条件的，变压器均需干燥处理。

1. 油浸变压器吊芯检查

（1）吊芯检查必须在良好天气下进行。凡雨、雪天，风力达4级以上，相对湿度达 75% 以上的天气，不得进行吊芯检查。

（2）提前准备检查用工具。

（3）根据变压器器身情况决定吊芯还是吊罩，钟罩式变压器要提前将变压器油抽到油罐，再松钟罩螺栓，将钟罩吊起。

1）起吊前应拆除所有运输固定件及本体内部相连的部件。

2）起吊时，吊索与铅垂线的夹角不宜大于 30°，器身不得接触箱壁。

（4）内部检查主要检查油箱内有无杂物、各部分螺栓有无松动（用扳手紧固一遍），铁芯接地是否良好，并测量铁芯穿心螺栓绝缘等。

（5）检查处理完毕清点工具数量，无误后将芯子放入壳体内或将钟罩盖上固定紧固，将油罐变压器油注入变压器。

（6）吊芯、复位、注油一般须在 16h 内完成。

2. 油浸变压器干燥

变压器干燥的目的是除去变压器绝缘材料中的水分，增加其绝缘电阻，提高其闪络电压。电压在 3kV 以上的变压器应进行干燥处理。

干式变压器正常情况下可不经过干燥直接投入使用，如果在运输或贮存过程中被雨淋或长时间处于100％冷凝的环境中，有可能造成变压器表面有明显水迹的，需要经过干燥后再投入使用。

干式变压器没能及时安装，当变压器内部潮湿，需对变压器做干燥处理，可以用烘烤法、用负载大的照明设备对变压器潮湿点烘烤。

油浸变压器器身主要由铁心和线圈以及绝缘材料装配组成，装配好之后，在加入变压器油之前，一定要经过干燥处理工艺，以去除绝缘材料中的水分和气体，使其含水量控制在产品质量要求的限度之内，以保证变压器有足够的绝缘强度和运行寿命。对高压变压器，要求其绝缘材料的含水量在0.5％以内。

（1）变压器干燥方法

变压器干燥处理常用的方法有：感应加热法、热风干燥法、绕组铜损干燥法、零序电流干燥法、真空干燥法、气相真空干燥法，此外还有：油箱铁损真空干燥法零序短路干燥法、真空热油雾化喷淋干燥法。

1）感应加热法

是将器身放在原来的油箱中，油箱外缠绕线圈通过电流，利用箱皮的涡流发热来干燥的。干燥时箱壁温度不超过115～120℃，器身温度应不超过90～95℃。为了缠绕线圈的方便，尽可能使线圈的匝数少些或电流小一些，一般电流选150A，导线可用35～50mm²。油箱壁上可垫多根石棉条，导线绕在石棉条板上。感应加热需要的电力，根据变压器的类型及干燥条件决定。

2）热风干燥法

将变压器放在干燥室中，通入热风进行干燥。干燥室可依据变压器器身大小用壁板搭合，壁板内满铺石棉板或其他浸渍过防火溶液的帆布或石棉麻布。干燥室应尽可能小，壁板与变压器之间的间距不应大于200mm。可用电炉、蒸汽蛇形管来加热。

干燥时进口热风温度逐渐上升，最高温度不应超过 95℃，在热风进口处装过滤器或装金属栅网以消灭灰尘。热风不应直接吹向器身，从器身下面均匀地吹向各部，使潮气通过箱中通风孔放出。

3）绕组铜损干燥法

利用变压器绕组通电自身产生热量，直接加热绕组绝缘，所以温度上升较快工作量小，干燥时间短；其缺点是需要电源容量较大。

4）零序电流干燥法

利用变压器绕组通电使油箱、铁芯、绕组均发热；其缺点是变压器干燥前后均需要放油、吊芯、改变绕组联结方式，工作量大温度不易控制，有可能造成局部过热。

5）真空干燥法

这种干燥方法，是以空气为载热介质，在大气压力下，将变压器器身或绕组逐步预热到 105℃ 左右，开始抽真空进行处理。此方法设备简单，操作简便。

6）气相真空干燥法

这种干燥方法是用一种特殊的煤油蒸汽作为载热体，导入真空罐的煤油蒸汽在变压器器身上冷凝并释放出大量热能，从而对被干燥器身进行加热。由于煤油蒸汽热能大（煤油气化热为 $306 \times 10^3 J/kg$），故使变压器器身干燥加热更彻底，更均匀，效率很高，并且对绝缘材料的损伤度也很小。但由于结构较复杂，造价较高，目前只限于在 110kV 及以上的大型变压器器身干燥处理中应用。

7）油箱铁损真空干燥法

利用变压器油箱本身进行真空干燥，所以需要电源容量不大，电压较低；其缺点是工作量大，干燥时间长，需要大量材料、设备和必要的计算。

8）零序短路干燥法

该方法是介于零序电流干燥法和绕组铜损干燥法之间的一种

综合方法，前者是靠铁损耗加热的，后者是靠铜损耗加热的，而零序短路干燥法既有铁耗加热又有铜耗加热的一种综合方法。

9) 真空热油雾化喷淋干燥法

将变压器油放入大部分后加热到100℃，用真空滤油机和特制的雾化喷油嘴将油不停循环打入油箱内，使油箱和器身温度升高水汽散发，同时绝缘中的一部分水汽被真空机抽走。

（2）变压器绝缘干燥标准

1) 变压器绝缘油内不含水分。油的击穿电压不低于出厂数据的75%。

2) 绝缘电阻不低于出厂数据的70%。

3) 介质损失角正切不大于出厂数据的130%。

（3）变压器干燥处理需注意事项

1) 不管采用哪种方式加热干燥变压器，在无油时，变压器的器身温度不得超过95℃，在带油干燥时上层油温不得高于85℃，以避免油质老化。如果带油干燥不能提高绝缘电阻时，应把油全部放出，无油干燥。

2) 采用带油干燥法应每4h测量一次绝缘电阻和油的击穿电压。当油击穿电压呈稳定的状态，绝缘电阻值也连续6h保持稳定，即可停止干燥。

3) 在开始烘燥的低温阶段，不宜抽真空或在低真空情况下烘燥，否则不利于铁心温度的升高和潮气的排除，当温度升至70~80℃时开始提高真空度。烘燥进行1~2h时，油箱内水蒸气较多，热辐射能力提高，内部温度趋于均匀，水分也逐渐减小，热辐射能力又降低。

4) 变压器经过干燥后，对它的绝缘性能需作一次全面鉴定，以检查其干燥效果。鉴定的项目，除套管外，其余均与吊芯大修时试验项目相同。

5) 干燥时如不抽真空，则在箱盖上应开通气孔或利用油门孔等使潮气放出。

6) 采用带油加热时，应在油箱外装设保温层，保温层可用石棉布、玻璃布等绝缘材料，不得使用易燃材料，并应采取相应的防火措施。

（四）变压器的核相序、交接试验

变压器安装结束送电前，电气试验人员应做好各项电气检查和交接试验。变压器检查主要有：外观检查；铭牌参数核对；绝缘电阻；工频耐压；直流电阻；变比；容量；空、负载介质损耗；油品耐压、分析；极性和联结组别检测等。

极性是变压器并联的主要条件之一。如果极性接反，在线圈中将出现很大的短路电流，甚至把变压器烧坏。变压器联结组别是指一、二次线圈按一定接线方式连接时一次侧线电压和二次侧线电压之间的相位关系，变压器联结组别是变压器并列运行时需要核对的一个重要条件。

变压器的相位应与电网的相位一致。

1. 变压器核相序

相序指的是三相交流电压的排列顺序，如 A、B、C 三相交流电压的相位，按顺时针排列，相位差为 $120°$，就是正序；如按逆时针排列，就是负序；如果同相，就是零序。

（1）相序测试仪测试

变压器的一次侧和二次侧都可测量，一次侧用高压相序测试仪测试，同相的话电压应该为 0，不同相时不为 0。

（2）万用表

二次侧用万用表测试，同相的电压也应该为 0，相序接错了的话，二次侧有电压显示。

（3）相序表

用相序表测量，相序表上共有三根测量线，将这三根线分别接到要检测的三相线上。然后打开仪器，按下仪器上的测量键，几乎可开始检测。仪器上的四个相序指示灯（绿灯）按着顺时针的方向依次亮起，则说明所测相线为正相序。反之，若仪器上相序指示灯（红灯）按逆时针的方向亮起，则说明所测相线为逆相序。

2. 变压器交接试验

根据《电气装置安装工程电气设备交接试验标准》GB 50150—2016 规定，新装电力变压器交付使用时，一般应进行下列内容试验：

（1）绝缘油试验或 SF6 气体试验。

（2）测量绕组连同套管的直流电阻。

（3）检查所有分接头的变压比。

（4）检查变压器的三相接线组别和单相变压器引出线的极性。

（5）测量铁芯及夹件的绝缘电阻。

（6）非纯瓷套管的试验。

（7）有载调压切换装置的检查和试验。

（8）测量绕组连同套管的绝缘电阻、吸收比或极化指数。

（9）测量绕组连同套管的介质损耗角正切值 $tg\delta$。

（10）变压器绕组变形试验。

（11）绕组连同套管的交流耐压试验。

（12）绕组连同套管的长时感应耐压试验带局部放电测量。

（13）额定电压下的冲击合闸试验。

（14）检查相位。

（15）测量噪声。

变压器的交接试验应由当地供电部门许可的试验室进行。试验标准应符合规范要求、当地供电部门规定及产品技术资料的要求。变压器安装完毕在投入运行前，要进行全面检查，确认其符合运行条件时，方可投入运行。

五、旋转电机安装

旋转电机是依靠电磁感应原理而运行的旋转电磁机械，用于实现机械能和电能的相互转换。发电机从机械系统吸收机械功率，向电系统输出电功率，电动机从电系统吸收电功率，向机械系统输出机械功率。

（一）电机分类

1. 按其作用分为发电机和电动机。
2. 按其结构分为同步电机和异步电机。
3. 异步电动机按相数不同，可分为三相异步电动机和单相异步电动机。
4. 按电源种类可分为直流电动机、交流电动机。
5. 按转子结构可分为鼠笼式电动机、绕线式电动机。

（二）电机构造和特点

1. 旋转电机构造

电机主要由定子，转子，前、后罩（端盖）及通风冷却系统组成。电机静止部分称为定子，转动部分称为转子，在定子和转子之间的空隙叫气隙。气隙很小，磁场能量主要集中在气隙内，如图 5-1 所示。

（1）定子

由定子铁芯和绕组组成，作用是产生励磁磁通、导磁及支撑前后罩。

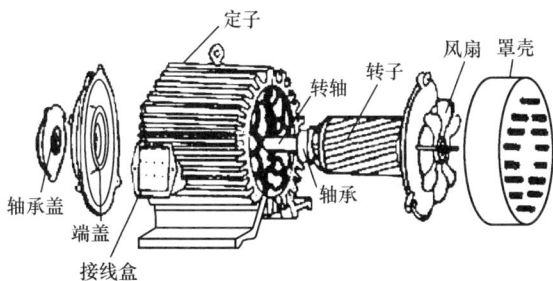

图 5-1 三相异步电动机结构图

（2）转子

由转子铁芯、轴、电枢绕组及换向器组成，其作用是保证并产生连续的电磁力矩，通过轴输出机械能。

（3）前、后罩

担负着支承转子旋转和固定转子与定子的装配关系的作用。其结构和尺寸要根据通风系统，绕组对地绝缘，轴承结构，碳刷和碳刷盒等因素设计。

（4）电机的通风冷却系统

电机在运行过程中必然会有一部分能量转化成热能，热能又会使电机的温度上升，当温度上升到一定程度就会发生绝缘破坏，绕组以及换向器碳刷烧坏等一系列问题导致电机的损坏。通风冷却系统主要包括风路和风扇。应使电机的发热和散热协调平衡，有足够的冷却气流通过电机。

（5）气隙

气隙对电机性能影响较大，气隙小可减少电机励磁安匝及损耗。但气隙过小，气隙谐波磁场增大，电机杂散损耗及电磁噪声增加；同时，过小的气隙，会由于机械和电磁的原因，对运行可靠性带来一定影响。

（6）绝缘系统

绝缘就是防止电流向不希望的方向流动及隔离导电和不导电的部分（如导线和铁心）或隔离不同电位的导体（如匝间、

层间等）。

绝缘系统：所有绝缘材料聚合在一起所产生的一个完整的独立的体系。

2. 旋转电机的特点

异步电动机的基本特点是，转子绕组不需与其他电源相连，其定子电流直接取自交流电力系统；与其他电机相比，异步电动机的结构简单，制造、使用、维护方便，运行可靠性高，重量轻，成本低。以三相异步电动机为例，与同功率、同转速的直流电动机相比，前者重量只及后者的二分之一，成本仅为三分之一。异步电动机还容易按不同环境条件的要求，派生出各种系列产品。它还具有接近恒速的负载特性，能满足大多数工农业生产机械拖动的要求。其局限性是，它的转速与其旋转磁场的同步转速有固定的转差率，因而调速性能较差，在要求有较宽广的平滑调速范围的使用场合（如传动轧机、卷扬机、大型机床等），不如直流电动机经济、方便。此外，异步电动机运行时，从电力系统吸取无功功率以励磁，这会导致电力系统的功率因数变坏。因此，在大功率、低转速场合（如拖动球磨机、压缩机等）不如用同步电动机合理。

（三）电机接线方法

1. 电机的星形（Y）和三角形接线（△）方法

（1）电机三角形接法时因为没有中性点，具体方法是电机的三相绕组的头与尾分别连接，这时只有一种电压等级，线电压等于相电压，线电流等于相电流的约 1.73 倍。

（2）电机星形接法时因为有中性点，具体方法是电机的三相绕组的三条尾连接在一起，三条头接电源，这时有两种电压等级，即线电压和相电压，且线电压等于相电压的约 1.73 倍，线电流等于相电流。

（3）需要注意的是本来星形接法的电机不能接成三角形，如果接成三角形，这时相电压升高到约 1.73 倍，长时间运行必然烧毁电机。

（4）同样本来三角形接法的电机不能接成星形，如果接成星形，这时相电压降低到约 1.73 倍，达不到正常功率，如果带额定负载，那么这时属于过载状态，时间一长也必然烧毁电机。

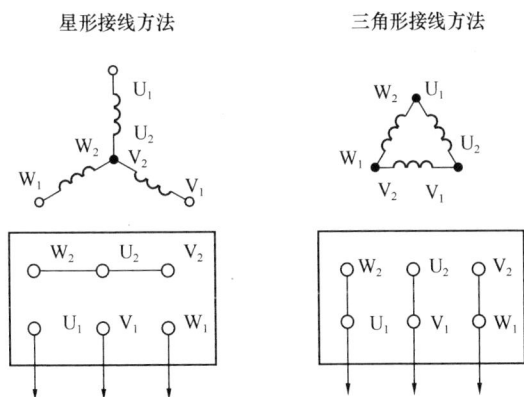

图 5-2　星形与三角形接线方法示意图

2. 两种接法的对比

（1）三角形接法有助于提高电机功率，缺点是启动电流大，绕组承受电压（380V）大，增大了绝缘等级。

（2）星形接法有助于降低绕组承受电压（220V），降低绝缘等级，降低了启动电流。缺点是电机功率减小，小功率电机 4kW 以下的大部分采用星形接法，大于 4kW 的采用三角形接法，三角形接法的电机在轻载启动时采用 Y-△启动，以降低启动电流，轻载是条件，因为 Y 接法转矩会变小，降低启动电流是目的，利用 Y 接法降低了启动电流。三角接法功率大启动电流也大，星接法功率小启动电流也小。

（四）电机常见故障的分析判断方法

1. 常见的运行故障

电机常见故障包括两种类型：一是起动时发生的故障，二是运行时发生的故障。

（1）起动时发生的故障

没有任何响声，有嗡嗡声，熔体爆断，起动困难、起动后转速较低。

（2）运行时发生的故障

电动机温度升高、甚至冒烟、三相电流不平衡或同时增大、电流没有超过额定值，电动机有异常声响，电动机振动过大，轴承过热。

2. 故障判断的基本方法

电动机出了故障及故障出在哪里用什么方法来判断？通常，可以按下面几步进行。

（1）看：观察电动机和所拖带的负载设备转速是否正常；看控制设备上的电压表、电流表指示数值有无超出规定范围；看控制电路中的指示、信号装置是否正常。

（2）听：辨别电动机缺相、过载等故障时的声音及转子扫膛、笼型转子断条、轴承故障时的特殊声响，判断故障的大致部位。

（3）摸：电动机过载及其发生其他故障时，相关部位温升显著增加，造成工作温度上升，用手摸电动机各部位即可判断温升情况以确定是否为故障。

（4）闻：电动机严重发热或过载时间较长，会引起绝缘受损而散发出绝缘漆的特殊气味；轴承发热严重时也可挥发出油脂气味。闻到异常气味时，便可确认电动机有故障。

（5）问：向操作人员了解电动机运行有无异常征兆；故障发生后，询问故障发生前后电动机及其所拖带机械的运行症状，这对分析故障的原因很有帮助。

3. 故障的判断和排除

电动机发生故障后，首先要进行周密的调查研究，从故障的主要现象确定产生故障的原因，在初步分析的基础上，再深入调查，观察或做必要的试验和测量，便可确定引起故障的原因和损坏的部位。

（五）电机抽芯和线圈干燥

1. 电动机的抽芯检查

（1）当电动机有下列情况时，应做抽芯检查：

1）出厂日期超过制造厂保证期限。

2）当制造厂无保证期时出厂日期已超过一年。

3）经过一般检查或电气试验质量可疑时。

4）试运转有异常情况时。

（2）电动机解体检查前应熟悉电动机的结构，并在各个连接部位做好相对位置的标记，然后依结构特点，顺序拆卸。

（3）拆卸靠背轮：用拉码的爪抓住轮的边缘，保持平衡受力均匀，防止抓具板裂靠背轮边缘，严禁用榔头敲击靠背轮。

（4）拆卸端盖：拆卸前应先在端盖与机座接缝处作上标记，并应标清负荷端和非负荷端，以免装配时弄错，拆卸时应从负荷端开始。

1）松下轴承盖上的螺栓，将轴承盖取下。

2）松开端盖固定在机座上的螺栓，不要一次松完，而要对称、依次轮流均匀松出，以免端盖因受力不均而破裂，用一字螺丝刀将端盖与机座撬开，撬时应沿端盖四周均匀撬起，并用紫铜棒敲打，使端盖从机座上脱离。

3）如端盖上有拆装用的螺孔时，可用端盖螺栓或备用螺栓拧在螺孔上，对角拧紧螺栓，卸下端盖。

4）对于较重的端盖，必须在拆卸前将其在上方系牢，以免端盖脱离止口时，转子与定子的撞击和端盖脱离轴承时与转轴的碰撞。

5）拆下的螺栓必须清点数目放在小油池内，切勿乱放，防止复装时遗忘在机内造成危险。

（5）对于小型电动机，可以直接抽出转子，对于大中型电机必须用起重设备将转子抽出，抽出转子前在定子线圈和转子线圈间90°方向放置4个胶木板，胶木板的宽度20～50mm，长度比铁芯长100～200mm。抽出转子时，应小心缓慢，不要歪斜和翻转，不得碰击滑环、定子线圈和转子线圈。

（6）电动机拆卸后，应进行以下检查：

1）电动机内部清洁无杂物。

2）电动机铁芯、轴颈、滑环和换向器等应清洁，无伤痕，锈蚀现象；通风孔无阻塞。

3）检查线圈绝缘层是否有损伤，线圈端部是否有撞伤、断线、脱漆等。损伤的地方应用黄蜡带包缠，重新涂绝缘清漆。

4）检查定子线楔是否松动，检查定子线圈绑扎是否有松动，端箍与线圈绑扎是否可靠，端部间隙垫块是否松动、脱落，松动脱落者应重新绑牢。定子槽楔应无断裂、凸出及松动现象，每根槽楔的空响长度不得超过1/3。端部槽楔必须牢固。

5）检查铁芯是否变形、松动。

6）检查转子各部分是否完好，是否有撞坏、划伤。检查铸铝条是否断裂，铜条与端环处的连接是否开焊，对于绕线式转子，检查线圈绝缘层是否有损伤。

7）检查铁芯内部和通风道是否畅通无阻，无其他杂物。

8）检查转子上的平衡块是否松动或移位。平衡螺丝应锁牢，风扇方向应正确，叶片无裂纹。

9）对轴承内已变色、变质、硬化或出厂日期超过两年的润滑脂均应更换，操作步骤如下：

① 先用木条将轴承内部的旧油刮出，再用毛刷和汽油将残油清洗干净，当转子未抽出时，清洗时应在转子与线圈之间放入

干净的塑料布，防止清洗时线圈受潮。

②检查轴承的内外套之间不应有松动现象，滚珠（柱）表面不应有裂纹和锈斑，转动应光滑灵活，内外套表面无锈斑，并记录下轴承号。

③用电吹风将轴承吹干，加入合适的润滑脂，轴承内部应填满间隙，轴承盖内的储油室应加入 2/3 左右。

2. 电动机的线圈干燥

当低压电动机绝缘电阻值低于 0.5MΩ，高压电动机绝缘电阻值低于 1MΩ/kV，或高压电动机吸收比小 1.2h 均应进行干燥。干燥的常用方法如下：

（1）外部加热法

用此法需将电机解体，用红外线灯对转子和定子分别加热，加热时热源离线圈不能太近，并应不断移动加热部位，使加热体均匀受热，加热时线圈的最高温度不得超过 70℃，测量电动机温度采用酒精温度计。

（2）低电压干燥法

对于 6kV 电机，将 380V 三相电源接入其定子线圈，依靠线圈本身通电铜损和铁芯铁损所产生的热量来干燥，通入线圈的电流约为电机额定电流的 50%～80%，大型电机的温度可用安装在铁芯或线圈间的测温元件来测量，小型电机可用红外线测温仪测量，线圈的最高温度不得超过 90℃。

（3）电动机干燥期间应设专人值班，定期巡查，密切关注电机的温升情况时干燥时其升温速度应保持在 5～8℃/h，并打开电机上的观察孔，以利于潮气排出。

（4）待转子干燥时，电机温度达到 70℃时，每隔 2h 将转子旋转 180°。

（5）电机干燥合格的标准是吸收比≥1.2，绝缘电阻值≥1MΩ/kV，并在同一温度下 5h 稳定不变，三者缺一不可。

（6）电机干燥合格后，若不及时启动，应采取相应的防潮措施。

（六）电动机安装

电动机内部检查完毕后，将进行装配，装配可按拆卸时的相反程序进行，安装过程中有以下注意事项和操作。

（1）清理电动机各部赃物，并用电吹风吹净定子和转子。

（2）穿转子时应注意负荷端和接线盒的相对位置，注意不得碰击定子线圈，转子与定子铁芯不得摩擦。

（3）安装端盖时应先将端盖套在轴承的外圈套上，用铜棒轻敲端盖四周，慢慢转动端盖，使端盖上的轴承盖孔与轴承内盖的螺栓孔对正，用带钩的铁丝将轴承内盖拉住，按标记将端盖的螺栓拧上，再用螺栓将轴承内外盖带上，用铜棒轻敲端盖四周，先使端盖和机座止口相互吻合一小部分，然后用螺栓将止口拧紧，再将轴承盖螺栓拧紧，注意紧端盖及轴承盖螺栓时，应对角轮流拧紧，避免端盖发生歪斜。

（4）电机装配完后，应用木槌敲击转轴及端盖，以消除安装应力。

（5）用摇表测量定子线圈绝缘，并与拆卸前比较，以检验复装过程是否完善。

（6）装配后的电动机转动应灵活，无阻滞现象。

（七）电动机的试运行

1. 小型电动机的试运行

电动机检查结束，一切合格后，将进行电动机的空载运行，空载运行是对电机检修质量、制造质量的初步检验，空载运行时间为2h，空载运行时应记录启动电流和运行电流，观察电机的运行情况，用螺丝刀听电机定子和轴承部分是否有杂声，并测量本体和轴承温度，本体应无过热现象，滑动轴承温升不应超过45℃，滚动轴承温升不应超过60℃。

2. 大中型电动机的试运行

（1）开机前的检查

1）检查机组各部分的螺栓松紧情况。

2）开启润滑、冷却水，检查管路中介质的压力和流动情况。

3）检查辅助设备是否正常。

4）电气设备已安装并经过试验、调试、符合设计要求。

（2）一般程序

1）各系统单项设备安装结束后，对电动机电磁线圈按规范测试，应符合要求，然后可通电进行单机调试。

2）电气设备单机调试之前，必须有书面的调试大纲，并通过监理的批准。调试结果有记录，并通过监理的签证。

3）检查辅助设备的联动情况，确保联动正确。在手动操作模式达到要求后，进行自动模式操作，在调试过程中可采用人为短接自动接点来实现。

4）受电前检查

① 通向室外的电缆沟孔、洞必须封堵。

② 撤除临时线路、施工用电。

③ 现场开关室、变压器室必须清理干净，无杂物。

④ 现场开关室、变压器室照明必须灯具齐全，并符合规范要求。

⑤ 柜内必须清理干净，无螺栓、螺帽、垫圈等物留在柜内，电气设备，高压瓷瓶上必须用干毛巾擦干净，无尘埃。

⑥ 变压器检查：接线正确，门锁完好，温控系统调试设置正确。

⑦ 仪表继电器、真空断路器、负荷开关必须调整好并符合要求。

⑧ 盘内接线必须完整并符合设计要求。

⑨ 所有分合闸回路、保护、测量和信号回路等联动试验结束并符合设计要求。

5）受电

① 变回路受电，仪表指示正确。

② 用系统的辅助电源投入。

③ 检查电压等参数，符合要求。

④ 投入主变，观察主变压器空载运行情况，正常后低压主母线电源。投入电容补偿柜，检查电压等参数，符合要求后可以进行主机运行的操作。

（3）机组启动

1）检查主机技术供水、轴承油位等符合后可进行开机操作。

2）确认低压主母线电压等正常。

3）检查电器、仪表是否正常，辅助管路有无渗漏现象，检查辅助管路压力情况。

4）机组运行过程中，应注意有无明显振动现象，如果有明显振动现象时应立即停机进行检查。

5）在机组运行过程中，如果轴承的温度有陡增时，应立即停机进行检查。

6）做好运行记录，包括电压、电流、轴承温度、上下游水位、振动口噪声及机组运行的开、停机时间。

（4）机组停机

1）将操作开关拧至停机位置。

2）完成后切断辅助设备电源。

（5）紧急停机

1）主机及电气设备发生火灾及严重人身、设备事故。

2）主机声音异常，发热同时转速下降。

3）主机发生强烈振动。

4）运转设备内有金属撞击声。

5）辅机系统有故障，短时间内无法修复，危急安全运行的。

六、电 梯 安 装

电梯是服务于规定楼层的固定式升降设备。它具有一个轿厢,运行在至少两列垂直的倾斜角小于15°的刚性导轨之间。轿厢尺寸与结构形式便于乘客出入或装卸货物。它适用于装置在两层以上的建筑内,是输送人员或货物的垂直提升设备的交通工具。

(一) 电梯的基本构成与规格参数

1. 电梯的基本构成

按照电梯系统的功能,电梯设备由电梯曳引系统、导向系统、轿厢系统、门系统、重量平衡系统、电力拖动系统、电力控制系统和安全保护系统八部分构成。它们的功能及其主要组成构件、装置见表6-1。

电梯八个系统的功能及其主要组成构件、装置 表 6-1

八个系统	功　能	主要组成构件、装置
曳引系统	输出、传递动力,驱动电梯运行	曳引机、曳引钢丝绳、导向轮、反绳轮等
导向系统	限制、引导轿厢和对重运动,使轿厢和对重只能沿着导轨作上、下运动	轿厢导轨、对重导轨及其导轨架、导靴等
轿厢系统	用来运送乘客和(或)货物的组件,是电梯的工作装置	轿厢架、轿厢体
门系统	乘客或货物的进、出口,电梯运行时轿门、厅门必须关闭,到站时才能打开	轿厢门、层门、开门机、联动机构、门锁及门锁电气开关等

八个系统	功　能	主要组成构件、装置
重量平衡系统	相对平衡轿厢、乘客和（或）货物重量，并补偿高层电梯中曳引绳及随行电缆等自重的影响	对重和重量补偿装置等
电力拖动系统	提供动力，对电梯实行速度控制	曳引电动机、供电系统、速度反馈检测装置、电动机高速控制装置等
电力控制系统	对电梯运行实行操纵和控制	操纵装置、位置显示装置、控制柜（屏）、平层装置等
安全保护系统	保证电梯安全运行，防止一切危及人身安全事故的发生	限速器、安全钳、缓冲器、端站保护装置、超速保护装置，供电系统断相、错相保护装置，超越上、下极限工作位置保护装置，层门锁与轿门电气联锁装置等

按照电梯部件的空间位置，电梯由电梯机房、井道、轿厢和层站四部分构成。

不同规格型号的电梯，其部件组成情况也不相同。这里只能介绍一些最基本的情况。

2. 电梯的主要参数

（1）额定载重 t（kg）。制造和设计规定，电梯的额定载重量。

（2）轿厢尺寸（mm）。宽×深×高。

（3）轿厢形式有单或双面开门及其他特殊要求等，以及对轿顶、轿底、轿壁的处理、颜色的选择，对电风扇、电话的要求等。

（4）轿门形式有栅栏门、封闭式中分门、封闭式双折门、封闭式双折中分门等。

（5）开门宽度（mm）。轿厢门和层门完全开启时的净宽度。

（6）开门方向人在轿外面对轿厢门向左方向开启的为左开门，门向右方向开启的为右开门，两扇门分别向左右两边开启者为中开门，也称中分门。

（7）曳引方式常用的有半绕1：1吊索法，轿厢的运行速度等于钢丝绳的运行速度。半绕2：1吊索法，轿厢的运行速度等于钢丝绳运行速度的一半。全绕1：1吊索法，轿厢的运行速度等于钢丝绳的运行速度。这几种吊索法常用图6-1来表示。

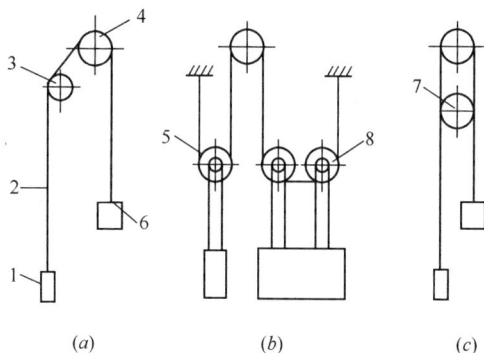

图6-1　电梯常用曳引方式示意图

（a）半绕1：1吊索法；（b）半绕2：1吊索法；

（c）全绕1：1吊索法

1—对重装置；2—曳引绳；3—导向轮；4—曳引轮；

5—对重轮；6—轿厢；7—复绕轮；8—轿顶轮

（8）额定速度（m/s）。制造和设计所规定的电梯运行速度。

（9）电气控制系统包括控制方式、拖动系统的形式等。如交流电机拖动或直流电机拖动，轿内按钮控制或集选控制等。

（10）停层站数（站）凡在建筑物内各楼层用于出入轿厢的地点均称为站。

（11）提升高度（mm）。由底层端站楼面至顶层端站楼面之间的垂直距离。

（12）顶层高度（mm）。由顶层端站楼面至机房楼板或隔音层楼板下最突出构件之间的垂直距离。电梯的运行速度越快，顶层高度一般越高。

（13）底坑深度（mm）。由底层端站楼面至井道底面之间的垂直距离。电梯的运行速度越快，底坑一般越深。

（14）井道高度（mm）。由井道底面至机房楼板或隔音层楼板下最突出构件之间的垂直距离。

（15）井道尺寸（mm）。宽×深。

（二）电梯调试前的电气检查

1. 通电调试前具备的条件

（1）主要的机械安全部件限速器、安全钳及限速器钢绳均已安装完毕，且动作有效可靠。

（2）机房的所有电气线路的配置及接地工作均已完成，各电气部件的金属外壳均有良好的接地装置，且接地电阻≤4Ω。

（3）机房内的各电气部件的接线正确性均已检查，校对确信无疑，接线螺栓均已拧紧且无松动现象。

（4）桥厢的所有电气线路（包括桥厢顶、桥内操纵箱、桥厢底）的配置及接线工作均已完成。

（5）机房内控制屏与桥厢之间的接线正确性均已检查，校对确信无疑，接线螺栓均已拧紧且无松动现象，且桥厢中的各电气装置的金属外壳均有良好的接地。

（6）机房内控制屏、选层器（如果有的话）、安全保护开关等与井道内各层楼的召唤按钮箱、门外指示灯、门锁电接点等之间的接线正确性均已检查、校对，确信无疑，接线螺栓均已拧紧且无松动现象。

（7）机房内各电气机械部件、桥厢内的各电气部件、井道各层站的电气部件均处于干燥而无受潮或受水浸湿、浸泡现象。

2. 不挂曳引钢丝绳的通电试验

为确保安全，必须进行这一阶段的工作，其步骤如下：

（1）将原已挂好的曳引钢丝绳按顺序取下，并作顺序标记。

（2）暂时断开信号指示和开门机电源的熔断保险器。取下各熔断器的熔断芯而用 3A 的熔断丝临时代替。

（3）在控制屏（柜）的接线端子上用临时线短接门锁电接点回路、限位开关回路及安全保护接点回路和底层（基站）的电梯投入运行开关接点。

（4）合上总电源开关，用万用表检查控制屏中大型接线端子上的三相电源端子的电压是否为 380V，各相之间电压是否一致，如电压正常则应观察相位继电器是否工作，如若未工作，说明引入控制屏的三相电源线相序不对，应予以调换其中两根电源线的位置。

（5）用万用表的直流电压档检查整流器的直流输出电压是否正常，与控制屏上的原已设定的极性是否一致，不然应予以更正。

（6）检查和观察安全回路继电器是否已吸合，直至令其吸合。

（7）用临时线短接控制屏接线端子的检修开关接点端子，且断开由轿厢部分来的有司机或自动运行的接线，这样控制屏上的检修状态继电器应予吸合，使电梯处于检修状态。

（8）手按上行方向开车继电器，此时电磁制动器松闸张开，曳引电动机慢速向某一方向旋转，如其转向不是电梯向上运行方向，应调换曳引电动机的电源线顺序，使其转向刚好是电梯的上行方向。再手按下行方向开车继电器，再次检查曳引电动机转向。

（9）按（8）的操作方法，初步调整曳引机上电磁制动器闸瓦与鼓轮间的间隙，使其均匀，并保持在 ≤0.7mm 范围。然后测量制动器松开初的电压与维持松开的电压，并调整其维持松开的经济电阻值，使其维持电压为电源电压的 60％～70％。

（10）拆除（7）中的临时线，恢复断开的线路仍接上，至轿厢内操纵箱（或轿顶检修箱）上的检修开关，控制屏上的检修继电器应吸合，如不吸合，应仔细检查直至吸合。

（11）操纵轿内操纵箱上的急停按钮（或轿厢顶检修箱上的急停开关）、控制屏中的安全回路继电器应释放，如不起作用应检查控制屏接线端子上的临时短接线是否短接得正确。

（12）在轿内操纵箱（或轿顶检修）上，操纵上向和下向开车按钮。曳引机应转动运行，如其运行方向正确即可，如不能令曳引机转动，则说明控制屏内的方向辅助继电器未吸合，应仔细检查，直至动作正确为止。

上述各条试验结束后即可进行下面的调试工作。

（三）电梯的基本功能调试

1. 悬挂曳引钢丝绳后的慢速运行调试

（1）按原取下曳引钢丝绳的顺序，按序一根一根地把钢绳放入曳引轮绳槽。

（2）自上而下拆除井道内的脚手架，并进行井道和导轨的初步清扫工作。

（3）用原吊挂轿厢的手拉起重葫芦，再把轿厢升高一些，拆除原轿厢的枕木，然后再用手拉葫芦使轿厢下行一段距离，约低于最高层的层楼平面 300～400mm。至井道底坑拆除对重下的填木。

（4）在轿厢顶的检修箱上操作检修开关，使电梯处于可靠的检修状态。揿按轿厢检修箱上的向下开车按钮，电梯即开始慢速向下运行，手松开后，电梯立即停车。继续慢速向下，清扫井道（主要是导轨撑架上、各层门上坎和地坎的垃圾）和清洗轿厢和对重导轨上的灰沙及油污。并同时仔细观察和检查轿厢是否与井道内其他固定部件或建筑设施相碰撞，若有则排除之，这样直至运行至最底层。然后再慢速上下运行数次，进一步清洗轿厢和对重导轨，并用油润滑之（若用滚轮导靴的电梯，则不必润滑，清洗干净即可）。

（5）以检修速度自上而下逐层安装井道内各层的永磁感应

器、各层的平层停车隔磁板（或各层相关的双稳态磁开关的永久圆磁体）及上、下端站的强迫减速开关、方向限位开关和极限开关。然后拆除控制屏接线端子上的临时短接线，使检修运行也处于安全保护之下。

（6）不带层门的自动门机调试

1）仍令电梯处于检修状态，并使电梯停止于最高层楼平面以下的1.5m处。

2）把控制屏中的开关门电机回路的熔断器暂用2A熔丝钩上，然后拆下开关门电动机轴上皮带轮上的皮带。

3）在轿内操纵箱上用手按关门和开门按钮，门电机应予转动并检查其转向是否与开关门方向一致，应调换门电机的极性（或相序）。

4）在3）步骤下，手按关门、开门减速开关、限位开关，门电机应有明显的减速和停止转动。然后用手转动第二级皮带轮，依靠其上的弧形开关打板顺序碰触减速开关和停止限位开关，门电机也应减速和停止。

5）把皮带挂至门电机轴上的皮带轮上，这样在揿按开关门按钮情况下即可使电梯轿门启、闭。根据开关速度调节门电机回路中调速元件和减速开关的位置，使轿厢门启、闭平稳而无撞击声。并调整关门时间约为3s，而开门时间小于2.5s左右。

（7）带层门的自动门调试

1）装上轿门上的开关门门刀，然后令电梯关好轿厢门后使电梯慢速向上运行，使门刀插入外层门锁的两个橡胶（或尼龙）滚轮中间，然后令电梯关门和开门，进一步调整开关门电动机的速度，直至平稳而无撞击声。

2）交钳工调整各层层门在电动启、闭情况下层门与门立柱间、门扇间的间隙（应≤6mm），以及各层机械钩子锁的锁紧程度与电接点的闭合状况。使机械钩子的啮合长度≥7mm，并使电接点同时可靠接通。待全部调整完毕后，即可拆除控制屏接线端子上的门锁接点勾线，使门锁保护起作用。

2. 电梯的快速运行调试

（1）当在完成上述所有内容及调试项目后，即可使电梯投入快速运行和整机性能调试。在完成所有慢速运行试验的情况下，电梯的运行已处在所有电气安全保护及机械安全保护装置起作用下的运行，因此电梯的快速运行也必将在所有安全保护起作用的情况下进行。

（2）电梯快速运行试验之前，首先要将电梯慢速运行至整个行程的中间层楼，以防止电梯运行方向错误时，有时间采取紧急停车措施；并让电梯处于有司机状态，轿厢内装有额定负载的一半重量，轿内不设置司机或其他人员。并在机房内将电梯门关闭后，拆除开门继电器的吸引线圈接线端子，这样在电梯到站后不能开门，以防在快速调试过程中各个层楼的人员进入电梯。

（四）电梯电气故障排除

1. 电梯电气系统的故障分析

电梯故障绝大系数是电气控制系统的故障。电气控制系统故障比较多的原因是多方面的，主要原因是电器元件质量和维修保养不合格。电气系统的故障大致可以分为两类：

（1）电气回路发生的断路故障。电路中往往会发现电气元件入线和出线的压接螺钉松动或焊点虚焊造成电气回路断路或接触不良。断路时必须马上进行检查修理；接触不良久而久之会使引入或引出线拉弧烧坏接点和电器元件。

（2）短路故障。当电路中发生短路故障时，轻则会烧毁熔断器，重则烧毁电气元件，甚至会引起火灾。常见的有接触器或继电器的机械和电器连锁失效，可能产生接触器或继电器抢动造成短路。接触器的主接点接通或断开时，产生的电弧使周围的介质击穿而产生短路。电气元件绝缘材料老化、失效、受潮也会造成短路。

2. 电梯故障排除常用方法

（1）电网供电正常，电梯没有快车和慢车。主要原因：

1）主电路或控制回路的熔断器熔体烧断。

2）电压继电器损坏，其他电路中安全保护开关的接点接触不良，损坏。

3）经控制柜接线端子至电动机接线端子的接线，未接到位。

4）各种保护开关动作未恢复。

排除方法：

1）检查主电路和控制电路的熔断器熔体是否熔断，是否安装，熔断器熔体是否夹紧到位。根据检查的情况排除故障。

2）查明电压继电器是否损坏；检查电压继电器是否吸合，检查电压继电器线圈接线是否接通；检查电压继电器动作是否正常。根据检查的情况排除故障。

3）检查控制柜接线端子的接线是否到位；检查电机接线盒接线是否到位夹紧；根据检查情况排除故意。

4）检查电梯的电流、过载、弱磁、电压、安全回路各种元件接点或动作是否不正常，根据检查的情况排除故障。

（2）电梯下行正常，上行无快车。主要原因：

1）上行第一、第二限位开关接线不实，开关接点接触不良或损坏。

2）上行控制接触器、继电器不吸合或损坏。

3）控制回路接线松动或脱落。

排除方法：

1）将限位开关接点的接线接实，更换限位开关的接点，更换限位开关。

2）将下行控制接触器继电器线圈的接线接实，更换接触器继电器。

3）将控制回路松动或脱落的接线接好。

（3）电梯轿厢到平层位置不停车。主要原因：

1）上、下平层感应器的干簧管接点接触不良，隔磁板或感应器相对位置尺寸不符合标准要求，感应器接线不良。

2）上、下平层感应器损坏。

3）控制回路出现故障。

4）上、下方向接触器不复位。

排除方法：

1）将干簧管接点接好，将感应器调整好，调整隔磁板或感应器的尺寸。

2）更换平层感应器。

3）排除控制回路的故障。

4）调整上、下方向接触器。

（4）轿厢运行到所选楼层不换速。主要原因：

1）所选楼层换速感应器接线不良或损坏。

2）换速感应器与感应板位置尺寸不符合标准要求。

3）控制回路存在故障。

4）快速接触器不复位。

排除方法：

1）更换感应器或将感应器接线接好。

2）调整感应器与感应板的位置尺寸，使其符合标准。

3）检查控制回路，排除控制回路故障。

4）调整快速接触器。

（5）电梯有慢车没快车。主要原因：

1）轿门、某层门的厅门电锁开关接点接触不良或损坏。

2）上、下运行控制继电器、快速接触器损坏。

3）控制回路有故障。

排除方法：

1）调整修理层门及轿门电锁接点或更换接点。

2）更换上、下行控制继电器或接触器。

3）检查控制回路，排除控制回路故障。

（6）选层记忆并关门后电梯不能启动运行。主要原因：

1）层轿门电联锁开关接触不良或损坏。

2）制动器抱闸未能松开。

3）电源电压过低

4）电源断相。

排除方法：

1）修复或更换层轿门联锁开关。

2）调整制动器使其松闸。

3）待电源电压正常后再投入运行。

4）修复断相。

（7）直流门机开、关门过程中冲击声过大。主要原因：

1）开、关门限位电阻调整不当。

2）开、关门限速电阻调整不当或调整环接触不良。

排除方法：

1）调整限位电阻位置。

2）调整电阻环位置或者调整电阻环接触压力。

（8）电梯到达平层位置不能开门。主要原因：

1）开关门电路熔断器熔体熔断。

2）开关门限位开关接点接触不良或损坏。

3）提前开门传感器插头接触不良，脱落或损坏。

4）开门继电器损坏或其控制电路有故障。

5）开门机传动带脱落或断裂。

排除方法：

1）更换熔断器的熔体。

2）更换或修复限位开关。

3）更换或修复传感器插头。

4）更换断电器、修复控制电路故障。

5）调整或更换开门机皮带。

（9）按关门按钮不能自动关门。主要原因：

1）开关门电路的熔断器熔体熔断。

2）关门继电器损坏或其控制回路有故障。

3）关门第一限位开关的接点接触不良或损坏。

4）安全触板未复位或开关损坏。

5）光电保护装置有故障。

排除方法：

1）更换熔断器熔体。

2）更换继电器或检查电路故障并修复。

3）更换限位开关。

4）调整安全触板或更换安全触板开关。

5）修复或更换门光电保护装置。

七、其他动力设备电气设备安装

（一）锅炉类电气设备

1. 锅炉内电气设备安装包括

（1）锅炉的概念

锅炉是一种能量转换设备，向锅炉输入的能量有燃料中的化学能、电能，锅炉输出具有一定热能的蒸汽、高温水或有机热载体。锅炉将水加热成蒸汽，多用于火电站、船舶、机车和工矿企业，如图7-1所示。

（2）锅炉的主要分类

常压锅炉；低压、中压、高压锅炉；超高压锅炉；亚临界锅炉；超临界锅炉。

（3）施工工艺流程

1）准备工作

技术准备→开工报告→机工具准备→技术交底→安全交底→设备材料领用→仪表送调试公司校验。

2）就地盘柜、接线盒、仪表架安装

① 安装前应了解图纸技术要求和现场环境。

② 对有底座安装要求的，先根据图纸要求进行底座施工。

③ 搬运设备到现场，搬运时不应损坏盘上设备和油漆。

④ 安装应牢固、平整，安装尺寸误差应符合设计要求。如无安装位置具体尺寸，以不妨碍其他设备、使其连续作业、整齐美观为原则安装施工。

⑤ 安装时盘内不应进行电焊、气焊工作，以免烧坏油漆及损伤导线绝缘，如必要时，须经有关部门审核、批准，且做好切

实有效的防护措施，方可进行气、电焊工作。

⑥ 盘柜、仪表架已安装好二次阀和仪表，则仪表送调试公司校验。否则安装二次阀和校验好的仪表。

⑦ 盘内配管、接线。导线、表管与盘上仪表连接时仪表不得受机械力，并应便于拆装。盘内电缆、导线、表管应固定牢固，排列整齐、美观。

⑧ 盘上仪表安装后，不得进行引起剧烈振动的工作。

⑨ 盘上仪表及设备的标志牌、铭牌、端子应完整及书写正确、清楚，并置于明显的位置。

⑩ 为了防火、防尘、防水，就地盘柜、接线盒孔洞在电缆敷设及接线工作完成后，必须用轻软耐火材料严密封堵。

2. 电气控制箱（柜）安装

（1）控制箱安装位置应在锅炉的前方，便于监视锅炉的运行、操作及维修。

（2）控制箱的地脚螺栓位置要正确，控制箱安装时要找正找平，灌注牢固。

（3）控制箱装好后，可敷设控制箱到各个电机和仪器仪表的配管，穿导线。控制箱及电气设备外壳应有良好的接地。待各个辅机安装完毕后接通电源。

（4）电气部分安装：先将行程撞块和行程开关架装好，再装行程开关。行程开关架安装要牢固。上行程开关的位置，应在摆轮拨爪略超过棘轮槽为适宜，下行程开关的位置应定在能使炉排前 80mm 或活塞不到缸底为宜。定位时可打开摆轮的前盖直观定位。最后进行电气配管、穿线、压线及油泵电机接线。

3. 检查与调试

（1）水压试验应报请当地劳动部门参加。

（2）试验前的准备工作：

1）将锅筒、集箱内部清理干净后封闭人孔、手孔。

2）检查锅炉本体的管道、阀门有无漏加垫片，漏装螺栓和未紧固等现象。

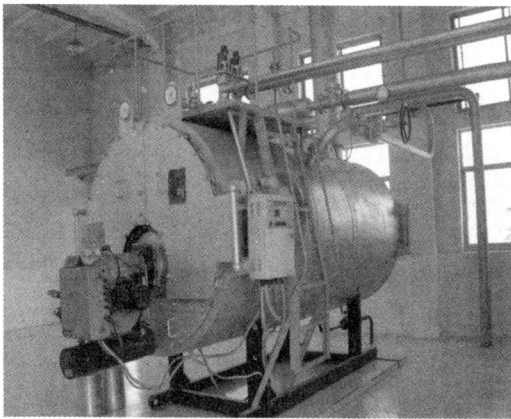

图 7-1　常用小锅炉

3）应关闭排污阀、主汽阀和上水阀。

4）安全阀的管座应用盲板封闭，并在一个管座的盲板上安装放气管和放气阀，放气管的长度应超出锅炉的保护壳。

5）锅炉试压管道和进水管道接在锅炉的副汽阀上为宜。

6）应打开锅炉的前后烟箱和烟道，试压时便于检查。

7）打开副汽阀和放气阀。

8）至少应装两块经计量部门校验合格的压力表，并将其旋塞转到相通位置。

（二）泵类电气设备

1. 消防泵的种类

（1）按动力源形式可分为

柴油机消防泵组、电动机消防泵组、燃气轮机消防泵组、汽油机消防泵组。

（2）电动机消防泵组成

电动机、水泵（叶轮、叶片、泵壳、泵轴、吸水管、出水管）。图 7-2 为消防泵示意图。

图 7-2　消防泵

（3）控制柜接线主要配件：断路器（空气开关）、接触器、转换开关、按钮、热过载保护器、指示灯、延时继电器。

（4）消防泵的控制方式：

直接启动方式也叫全压启动，电机直接接额定电压起动。一般情况下，异步电动机的功率小于 7.5kW 时允许直接起动。国标是 3kW 以下（含 3kW）是星接法，4kW 以上（含 4kW）是三角形接法；消防稳压泵一般采用直接启动方式。

降压启动方式，消防主、备泵基本采用降压启动方式。

2. 安装及接线

泵在装配前，首先检查零件有无影响装配的缺陷，并擦洗干净，方可进行装配。泵安装的好坏对泵的运行和寿命有重要影响，所以安装必须仔细进行。

3. 检查与调试

（1）起动前的检查与准备

1）清除机组上的杂物，并把现场清理干净，检查基础螺栓是否松动。

2）检查水泵是否装好填料。

3）检查机械密封冲洗水有足够的压力与流量。

4）确保泵和电机轴承得到润滑，水泵轴承的润滑采用 2 号钙基脂，润滑脂以占轴承腔 1/3～1/2 为宜。电机的润滑参照电机的安装使用说明书。

5）起动前，转动泵的转子，应能轻滑均匀。

6）检查电机的转向与泵转向一致。

7）检查电机及其他电器和仪表是否正常。

8）关闭出水闸阀，往泵内注水（如无底阀则用真空泵），保证泵内充满水，无空气窝存。

（2）起动

1）打开各种仪表的开关，关闭压力表（真空表）旋塞。

2）接通电源，当泵达到正常转速时，打开压力表（真空表）旋塞，逐渐打开出水管路上的闸阀，并调节到所需的工况；在出水管路闸阀关闭的情况下，泵连续工作的时间不得超过 2min。

3）如果采用填料密封，均匀拧紧填料压盖上的压紧螺母，使液体成滴状漏出，同时注意填料腔处的温升。

（3）运行

1）注意轴承温度不得超过环境温度 35℃，最高温度不应超过 75℃。

2）在开车及运行过程中，必须注意观察仪表读数，轴承温度，填料漏水和温度及泵的振动和杂声等是否正常，若发现异常情况，应及时处理。

3）填料腔正常漏水程度每分钟约为 20～30 滴。机械密封内径≤3ml/h，内径＞50mm，泄漏量≤5ml/h。

4）注意电机轴承温度。

5）每运转 3000h 定期补充或更换新油（用户也可以根据现场实际和使用经验确定换油周期）。

6）定期检查弹性联轴器。

7）运行过程中进行周期性检查。

注意：① 不允许用吸入管路上的闸阀来调节流量，以免产生汽蚀。

② 不允许在低于设计流量 30% 的情况下连续运行，如果必须在该条件下连续运行，则应在出口处安装旁通管，将多余流量接入泵进口管。

③ 不允许在高于设计流量 120% 的情况下连续运行，以免产生汽蚀和

电机超功率。

④ 严禁提高水泵转速。

⑤ 运行中，发现声音不正常或其他故障，应立即停机检查。

（4）停机

1）关闭压力表（真空表）旋塞。

2）逐渐关闭吐出管路上闸阀。

3）切断电源。

4）待泵转动完全停止后，关闭冷却水和机械密封冲洗水。

5）如环境温度低于0℃，将泵内水放出，以免冻裂。

6）如长期停止使用，将泵拆卸清洗上油，包装保管。

（三）冷冻冷水机类电气设备

1. 安装与接线

（1）机器安装，要求平放，不可倾斜。

（2）机器两侧应有一米左右保养空间。

（3）冰水管管路务必接成回路，使冰水得以循环。

（4）冰水管路必须保温。

（5）接电源时请确定电源足以承担冷水机组最大负荷。

（6）机组电源，必须单独控制。

（7）必须接地线，以确保安全。

2. 检查与调试

（1）调试前的准备

1）由于螺杆式冷水机组属于中大型制冷机，所以在调试中需要设计、安装、使用三方面密切配合。为了保证调试工作有条不紊地进行，有必要由有关方面的人员组成临时的试运转小组，全面指挥调试工作的进行。

2）负责调试的人员应全面熟悉螺杆式冷水机组的构造和性能，熟悉制冷机安全技术，明确调试的方法、步骤和应达到的技术要求，制定出详细具体的调试计划，并使各岗位的调试人员明确自己的任务和要求。

3）检查螺杆式冷水机组的安装是否符合技术要求，螺杆式冷水机组的地基是否符合要求，连接管路的尺寸、规格、材质是否符合设计要求。

4）机组的供电系统应全部安装完毕并通过调试。

5）单独对冷水和冷却水系统进行通水试验，冲洗水路系统的污物，水泵应正常工作，循环水量符合工况的要求。

6）清理调试的环境场地，达到清洁、明亮、畅通。

7）准备好调试所需的各种通用工具和专用工具。

8）准备好调试所需的各种压力、温度、流量、质量、时间等测量仪器、仪表。

9）准备好调试运转时必需的安全保护设备。

（2）冷水机组调试

1）制冷剂的充注。目前，制冷机组在出厂前一般都按规定充注了制冷剂，现场安装后，外观检查如果未发现意外损伤，可直接打开有关阀门（应先阅读厂方的使用说明书，在运输途中，机组上的阀门一般处在关闭状态）开机调试。如果发现制冷剂已经漏完或者不足，应首先找出泄漏点并排除泄漏现象，然后按产品使用说明书要求，加入规定牌号的制冷剂，注意制冷剂充注量应符合技术要求。

2）有些螺杆式冷水机组需要在用户现场充注制冷剂，制冷剂的充注量及制冷剂牌号必须按照规定。制冷剂充注量不足会导致冷量不足。制冷剂充注量过多，不但会增加费用，而且对运行能耗等可能带来不利影响。

3）在充注制冷剂前，应预先备有足够的制冷剂。充注时，可直接从专用充液阀门充入。由于系统处于真空状态，钢瓶中制冷剂与系统压差较大，当打开阀门时（应先用制冷剂吹出连接管中的空气，以免空气进入机组，影响机组性能），制冷剂迅速由钢瓶流入系统，充注完毕后，应先将充液阀门关闭，再移去连接管。

4）制冷系统调试。制冷剂充注结束后（如需要充注制冷剂），可以进行负荷调试。由于近年来，螺杆式冷水机组在性能和电气控制方面都有了长足的进步，许多螺杆式冷水机组在正式开机前可以对主要电控系统做模拟动作检测，即机组主机不通电，控制系统通电，然后通过机组内部设定，对机组的电控系统进行检测，组件是否运行正常。如果电控系统出现什么问题，可以及时解决。最后再通上主机电源，进行调试。在调试过程中，应特别注意以下几点：

① 检查制冷系统中的各处阀门是否处在正常的开启状态，特别是排气截止阀，切勿关闭。

② 打开冷凝器的冷却水阀门和蒸发器的冷水阀门，冷水和冷却水的流量应符合厂方提出要求。

③ 启动前应注意观察机组的供电电压是否正常。

④ 按照厂方提供的开机手册，启动机组。

⑤ 当机组启动后，根据厂方提供的开机手册，查看机组的各项参数是否正常。

可根据厂方提供的螺杆式冷水机组运行数据记录表，对螺杆式冷水机组的各项数据进行记录，特别是一些主要参数一定要记录清楚。

① 在螺杆式冷水机组运行过程中，应注意压缩机的上、下载机构是否正常工作。

② 应正确使用制冷系统中安装的安全保护装置，如高低压保护装置、冷水和冷却水断水流量开关、安全阀等设备，如有损坏应及时更换。

③ 螺杆式冷水机组如出现异常情况，应立即停机检查。在制冷系统调试前，一定要做好空调系统内部的清洁和干燥工作。如果前期工作不认真进行，在调试期间将会增加许多工作量，而且会给制冷装置以后的运行带来许多隐患。

3. 冷水机组的开机操作

制冷压缩机在经过试运转操作，并对发现的问题进行处理后，即可进入正常运转操作程序，其操作方法是：

（1）确认机组中各有关阀门所处的状态是否符合开机要求。

（2）向机组电气控制装置供电，并打开电源开关，使电源控制指示灯亮。

（3）启动冷却水泵、冷却塔风机和冷媒水泵，应能看到三者的运行指示灯亮。

（4）检测润滑油油温是否达到30℃。若不到30℃，就应打开电加热器进行加热，同时可启动油泵，使润滑油循环温度均匀升高。

（5）油泵启动运行后，将能量调节控制阀处于减载位里，并确定滑阀处于零位。

（6）调节油压调节阀，使油压达到0.5～0.6MPa。

（7）闭合压缩机电源，启动控制开关，打开压缩机吸气阀，经延时后压缩机启动运行，在压缩机运行以后进行润滑油压力的调整，使其高于排气压力0.15～0.3 MPa。

（8）闭合供液管路中的电磁阀控制电路，启动电磁阀，向蒸发器供液态制冷剂，将能量调节装置置于加载位置，并随着时间的推移，逐级增载。同时观察吸气压力，通过调节膨胀阀，使吸气压力稳定在0.36～0.56MPa。

（9）压缩机运行以后，当润滑油温度达到45℃时断开电加热器的电源，同时打开油冷却器的冷却水的进、出口阀，使压缩机运行过程中，油温控制在40～55℃范围内。

（10）若冷却水温较低，可暂时将冷却塔的风机关闭。

（11）将喷油阀开启1/2～1圈，同时应使吸气阀和机组的出液阀处于全开位置。

（12）将能量调节装置调节至100%的位置，同时调节膨胀阀使吸气过热，温度保持在6℃以上。

（13）冷水机组启动运行中的检查。机组启动完毕投入运行后，应注意检查，确保机组安全运行。

（四）通风、空调机类电气设备

1. 通风、空调机类组成

（1）通风设备的组成

通风系统的组成一般包括：进气处理设备，如空气过滤器、热湿处理设备和空气净化设备等；送风机或排风机；风道系统，如风管、阀部件、送排风口、排气罩等；排气处理设备，如除尘器、有害物体净化设备、风帽等。

（2）空调设备的组成

1）空气处理设备：是对空气进行加热或冷却，加湿或除湿、空气净化处理等功能的设备。主要包括组合式空调机组、新风机组、风机盘管、空气热回收装置、变风量末端装置、单元式空调机等。组合式空调机组一般由新回风混合段、过滤段、冷却段、加热段、加湿段、送风段等组成。风机盘管主要由风机、换热盘管和过滤装置等组成。变风量末端装置目前国内常采用串联与并联风机动力型和单风管节流型几种类型。

2）空调冷源及热源：常用热源一般包括热水、蒸汽锅炉、电锅炉、热泵机组、电加热器串联等。空调冷源包括天然冷源及人工冷源，天然冷源利用自然界的冰、低温深井水等来制冷。目前常用的冷源设备包括电动压缩式和溴化锂吸收式制冷机组两大类。

3）空调冷热源的附属设备：包括冷却塔、水泵、换热装置、蓄热蓄冷装置、软化水装置、集分水器、净化装置、过滤装置、定压稳压装置等。

4）空调风系统：由风机、风管系统组成。风机包括送风、回风、排风风机，常用的风机有离心式和轴流式。风管系统包括：通风管道（含软接风管）、各类阀部件（调节阀、防火阀、消声器、静压箱、过滤器等）、末端风口等。

5）空调水系统：由冷冻水、冷凝水、冷却水系统的管道，软连接,各类阀部件(阀门、电动阀门、安全阀、过滤器、补偿器等),仪器仪表等组成。

6)控制、调节装置:包括压力传感器、温度传感器、温湿度传感器、空气质量传感器、流量传感器,执行器等。

2. 安装和接线

(1)空调机组、新风机组、空气热回收装置安装要求

安装前,应检查各功能段的设置是否符合设计要求,内部结构完好无损。设备组装各功能段之间的连接应严密牢固。空气处理机组与空气热回收装置的过滤器应在单机试运转完成后安装。与机组连接的阀门、仪器仪表应安装齐全,规格、位置正确,风阀开启方向应气流方向,与机组连接的风管、水管均采用柔性连接。冬季使用时应有防止盘管、管路冻结的措施。

(2)风机安装要求

风机安装前应检查电机接线是否正确,通电试验时,叶片转动灵活、方向正确,停转后不应每次停留在同一位置上,机械部分无摩擦、松动,无漏电及异常响声。通风机传动装置的外露部分以及直通大气的进出口,必须装设防护罩(网)或采取其他安全措施。风机与风管连接采用柔性短管。

(3)空调末端装置的安装及配管安装要求

风机盘管、诱导器、变风量末端、直接蒸发式室内机等空调末端装置的安装及配管应符合设计及规范要求。装置的安装位置应正确,并均应设置单独支吊架固定牢固。

3. 检查及调试

(1)调试前准备工作

系统在安装完毕,试压合格,会同建设单位进行全面检查,全部符合设计,施工及验收规范和工程质量检验评定标准要求,然后再进行设备调试。

1)熟悉设计图纸和有关技术文件,弄清楚送(回)风系统、供冷和供热系统、自动调节系统的全过程。

2)备好调试所需要仪器仪表、必要工具和有关记录事宜。

3）准备好电源、水源、冷热源。

（2）通风、空调系统运转前的检查

1）核对通风机、电动机的型号、规格应与设计相符。

2）检查紧固部位是否牢固，减振底座应调平，皮带轮或联轴器应调正。轴承处的润滑油应足够，而且润滑油的种类和数量应符合设备技术文件的要求。

3）电气部位应有防护、保护安全措施。

4. 空调设备、空调处理机性能测定与调整

（1）电气部分检查

1）检查电机安装型号是否正确。

2）检查起动继电器及电流过载器型号是否正确。

3）检查总断路开关型号及电流是否满足电机满载要求。

4）起动盘进、出接线是否正确。

5）检查控制回路。

6）检查所有接线螺栓是否达到牢固。

7）清洁起动盘内外一切垃圾。

8）电机及进/出接线进行绝缘测试，并达到规范。

9）检查供电控制回路，测定起动程序正确。

10）紧急停止控制必须正确、良好。

（2）试运转及设定

1）检查泵进、出阀门开关达到畅顺正常。

2）进/出压力达到正常。

3）关闭出水阀门及测定供电电压达到正常。

4）启动水泵、检查水泵转向正确。

5）慢慢开启出水阀门，达至设计泵压。

6）检查水泵减震器，泵体震动及噪声情况。

7）检查水泵马达各相位电流及平衡。

8）重新起动水泵，调整继电器转换时间（直接起动除外）。

9）再次复核泵压及程序。

10）调整电流过载保护器至运行电流 $105\% \sim 110\%$。

11）记录所有数据。

（五）通用机床类电气设备

机床是对金属、其他材料的坯料或工件进行加工，使之获得所要求的几何形状、尺寸精度和表面质量的机器。机床是制造机器的机器，也是能制造机床自身的机器，这是机床区别于其他机器的主要特点，故机床又称为工作母机或工具机。

目前，数控机床已发展成为品种齐全、规格繁多的系列。数控机床的类别，既与加工工艺有关，又与数控系统的控制功能、伺服控制方式等有关。按工艺分类时，有车床、钻床、镗床、铣床、磨床、齿轮加工机床、钢筋下料机等；按系统功能分类时，有点位、直线和轮廓控制之分；按伺服控制方式分类时，有开环、闭环和半闭环之分。

1. 安装、接线

（1）外部电缆的连接

数控系统外部电缆的连接，指数控装置与 MDI/CRT 单元、强电柜、机床操作面板、进给伺服电动机和主轴电动机动力线、反馈信号线的连接等，这些连接必须符合随机提供的连接手册的规定。最后还进行地线连接。数控机床地线的连接十分重要，良好的接地不仅对设备和人身的安全十分重要，同时能减少电气干扰，保证机床的正常运行。地线一般都采用辐射式接地法，即数控柜中的信号地、强电地、机床地等连接到公共接地点上，公共接地点再与大地相连。数控柜与强电柜之间的接地电缆要足够粗，截面积要在 $5.5mm^2$ 以上。地线必须与大地接触良好，接地电阻一般要求小于 $4\sim7\Omega$。

（2）电源线的连接

数控系统电源线的连接，指数控柜电源变压器输入电缆的连接和伺服变压器绕组抽头的连接。对于进口的数控系统或数控机床更要注意，由于各国供电制式不尽一致，国外机床生产厂家为了适应各国不同的供电情况，无论是数控系统的电源变压器，还是伺服变压器都有多个抽头，必须根据我国供电的具体情况，正确地连接。

（3）输入电源电压、频率及相序的确认

1）输入电源电压和频率的确认。我国供电制式是三相交流电压是 380V；单相交流电压是 220V，频率为 50Hz。有些国家的供电制式与我国不一样，不仅电压幅值不一样，频率也不一样，例如日本，交流三相的线电压是 200 V，单相是 100 V，频率是 60Hz。他们出口的设备为了满足各国不同的供电情况，一般都配有电源变压器。变压器上设有多个抽头供用户选择使用。电路板上设有 50/60Hz 频率转换开关。所以，对于进口的数控机床或数控系统一定要先看懂随机说明书，按说明书规定的方法连接。通电前一定要仔细检查输入电源电压是否正确，频率转换开关是否已置于"50Hz"位置。

2）电源电压波动范围的确认。一般数控系统允许电压波动范围为额定值的 85%～110%，而欧美的一些系统要求更高一些。由于我国供电质量不太好，电压波动大，电气干扰比较严重，如果电源电压波动范围超过数控系统的要求，需要配备交流稳压器。实践证明，采取了稳压措施后会明显地减少故障，提高数控机床的稳定性。

3）输入电源电压相序的确认。目前数控机床的进给控制单元和主轴控制单元的供电电源，大都采用晶闸管控制元件，如果相序不对，接通电源，可能使进给控制单元的输入熔丝烧断。检查相序的方法很简单，一种是用相序表测量，当相序接法正确时相序表按顺时针方向旋转，否则就是相序错误，这时可将 R、S、T 中任意两条线对调一下就行了。另一种是用双线示波器来观察二相之间的波形，二相在相位上相差 120°，如图 7-3 所示。

4）确认直流电源输出端是否对地短路。各种数控系统内部都有直流稳压电源单元，为系统提供所需的 ±5V、±15V、±24V 等直流电压。因此，在系统通电前应当用万用表检查其输

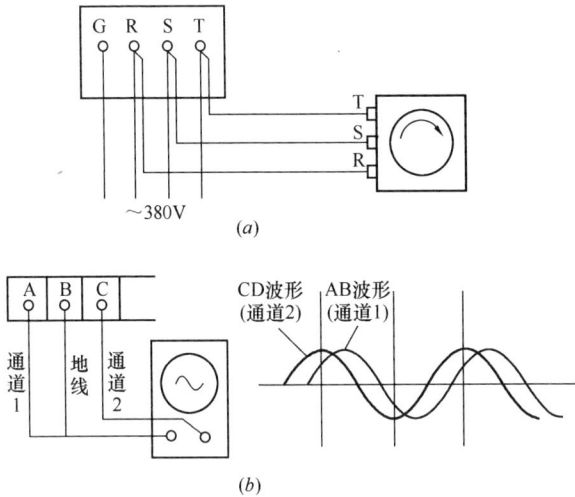

图 7-3 检查相序

(a) 相序表测量；(b) 双线示波器测量

出端是否有对地短路现象。如有短路必须查清短路的原因，并排除之后方可通电，否则会烧坏直流稳压单元。

5）接通数控柜电源，检查各输出电压。在接通电源之前，为了确保安全，可先将电动机动力线断开，这样，在系统工作时不会引起机床运动。但是，应根据维修说明书的介绍对速度控制单元作一些必要性的设定，不致因断开电动机动力线而造成报警。接通数控柜电源后，首先检查数控柜中各风扇是否旋转，这也是判断电源是否接通最简便办法。随后检查各印制电路板上的电压是否正常，各种直流电压是否在允许的波动范围之内。一般来说，±24V 允许误差 ±10% 左右，±15V 的误差不超过±10%，对＋5V 电源要求较高，误差不能超过±5%，因为＋5V是供给逻辑电路用的，波动太大，会影响系统工作的稳定性。

6）检查各熔断器。除供电主线路上有熔断器外，几乎每一块电路板或电路单元都装有熔断器，当过负荷、外电压过高或负载端发生意外短路时，熔断器能马上被熔断而切断电源，起到保护设备的作用，所以一定要检查熔断器的质量和规格是否符合要求。

2. 检查及调试

（1）通电试车

通电试车要先做好通电前的准备工作，首先是按照机床说明书的要求，给机床润滑油箱、润滑点灌注规定的油液或油脂，清洗液压油箱及过滤器，灌足规定标号的液压油，接通气源等。再调整机床的水平，粗调机床的主要几何精度。若是大中型设备，在已经完成初就位和初步组装的基础上，要重新调整各主要运动部件与主轴的相对位置，如机械手、刀库及主轴换刀位置的校正，自动托盘交换装置（APC）与工作台交换位置的找正等。

机床通电操作可以是一次同时接通各部分电源全面供电，或各部分分别供电，然后再作总供电试验。对于大型设备，为了更加安全，应采取分别供电。通电后首先观察各部有无异常，有无报警故障，然后用手动方式陆续启动各部件。检查安全装置是否起作用，能否正常工作，能否达到额定的工作指标。起动液压系统时先判断液压泵电动机转动方向是否正确，液压泵工作后液压管路中是否形成油压，各液压元件是否正常工作，有无异常噪声，各接头有无渗漏，液压系统冷却装置能否正常工作等。总之，根据机床说明书资料粗略检查机床主要部件，功能是否正常、齐全，使机床各环节都能操作运动起来。

在数控系统与机床联机通电试车时，虽然数控系统已经确认，工作正常无任何报警，但为了预防万一，应在接通电源的同时，作好按压急停按钮的准备，以便随时准备切断电源。例如，伺服电动机的反馈信号线接反了或断线，均会出现机床"飞车"现象，这时就需要立即切断电源，检查接线是否正确。在正常情况下，电动机首次通电的瞬时，可能会有微小的转动，但系统的自动漂移补偿功能会使电动机轴立即返回。此后，即使电源再次断开、接通，电动机轴也不会转动。可以通过多次通、断电源或按急停按钮的操作，观察电动机是否转动，从而也确认系统是否有自动漂移补偿功能。

通电正常后，应用手动方式检查一下各基本运动功能，例如各轴的移动、主轴的正转和反转、手摇脉冲发生器等。在检查机床各轴的运转情况时，应用手动连续进给移动各轴，通过CRT或DPL（数字显示器）的显示值检查判断移动方向是否正确。如方向相反，则应将电动机动力线及检测信号线反接才行，然后检查各轴移动距离是否与移动指令相符，如不符，应检查有关指令、反馈参数以及位置控制环增益等参数设定是否正确。随后再用手动进给，以低速移动各轴，并使它们碰到超程限位开关，用以检查超程限位是否有效，数控系统是否在超程时发出报警。最后还应进行一次返回基准点动作，看用手动回基准点是否正确。机床的基准点是机床进行加工和程序编制的基准位置，因此，必须检查有无基准点功能以及每次返回基准点的位置是否完全一致。总之，凡是手动功能都可以验证一下。当这些试验都正确以后再进行下一步的工作，否则要先查明异常的原因并加以排除。

（2）机床试运行

为了全面地检查机床功能及工作可靠性，数控机床在安装调试后，应在一定负载或空载下进行较长一段时间的自动运行考验。自动运行考验的时间，《金属切削机床通用技术条件》GB 9061—2006中规定，数控车床为16h，加工中心为32h，都要求连续运转。在自动运行期间，不应发生除操作失误引起以外的任何故障。如故障排除时间超过了规定时间，则应重新调整后再次从头进行运转考验。

3. 机床电气线路故障的检查

机床电气控制系统发生故障时，先要对故障现象进行调查，了解故障前后的异常现象。如电动机、变压器线圈是否发热、冒烟，有关电器元件的连线是否松动脱落，熔断器的熔体是否熔断等，从而找出简单故障的部位及元件。对较为复杂的故障，也可确定故障的大致范围。

寻找故障点往往需要进行仔细的检查。常用的故障检查方法有电压法、电阻法与短接法。下面以一段有代表性的控制电路为例，说明这几种方法的具体应用。

（1）电压测量法

下图7-4为测量示意图。接通电源，按下起动按钮 SB_2，正常时，KM_1 吸合并自锁，将万用表拨到500X档，对电路进行测量。这时电路中（1-2）、（2-3）、（3-4）、（4-5）各段电压均应为0（5-6）两点电压应为380V。

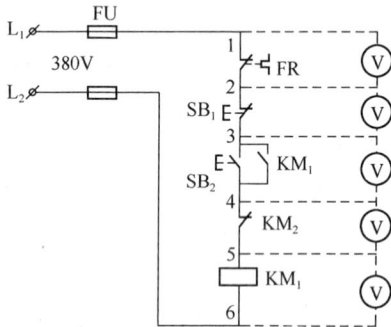

图7-4　分段电压测量示意图

1）触点故障

按下按钮 SB_2，若 KM_1 不吸合，可用万用表测量（1-6）之间的电压，若测得电压为380V，说明电源电压正常，熔断器是好的。可接着测量（1-5）之间各段电压，如（1-2）之间电压为380V，则热继电器 FR 保护触点已动作或接触不良，应查找 FR 所保护的电动机是否过载或 FR 整定电流是否调得太小，触点本身是否接触不好或连线松脱；如（4-5）之间电压为380V，则 KM_2 触点或连接导线有故障，依此类推。

2）线圈故障

若（1-5）之间各段电压都为0，（5-6）之间的电压为380V，而 KM_1 不吸合，则故障是 KM_1 线圈或连接导线断开。除了分段测量法，还有分阶测量法和对地测量法。分阶测量法一般是将电压表的一根表笔固定在线路的一端（如上图的6点），另一根表笔由下而上依次接到5，4，3，2，1各点，正常时，电表读数为电源电压。若无读数，则表笔逐级上移，当移至某点读数正常，说明该点以前触头或接线完好，故障一般是此点后第一个触头（即刚跨过的触头）或连线断路。因为这种测量方法像上台阶一样，故称为分阶测量法。对地测量法适用于机床电气控制线路接220 V电压且零线直接接于机床床身的电路检修，根据电路中各点对地电压来判断确定故障点。

（2）电阻测量法

电阻测量法分为分段测量法和分阶测量法，图7-5为分段电阻测量示意图。检查时，先断开电源，把万用表拨到电阻档，然后逐段测量相邻两标号点（1-2），（2-3），（3-4），（4-5）之间的电阻，若测得某两点间电阻很大，说明该触点接触不良或导线断路。若测得（5-6）间电阻很大（无穷大），则线圈断线或接线脱落，若电阻接近零，则线圈可能短路。必须注意，用电阻测量法检查故障一定要断开电路电源，否则会烧坏万用表；所测电路如果并联了其他电路，所测电阻值就不准确，产生误导。因此，测量时必须将被测电路与其他电路断开；最后一点要注意的是选择好万用表的量程。如测量触点电阻时，量程不要放得太高，否则，可能掩盖触点接触不良的故障。

（3）短接法

机床电气设备的故障多为断路故障，如导线断路、虚连、虚

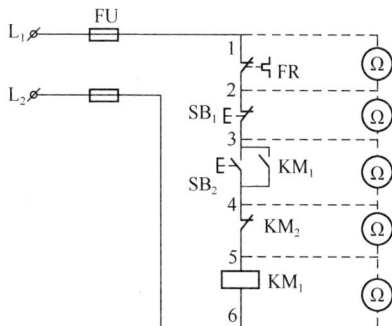

图7-5　分段电阻测量示意图

焊、触头接触不良，熔断器熔断等。对这类故障，用短接法查找往往比用电压法和电阻法更为快捷。检查时，只需用一根绝缘良好的导线，将所怀疑的断路部位短接，当短接到某处，电路接通，说明故障就在该处。

1）局部短接法

局部短接法的示意图如图7-6所示。

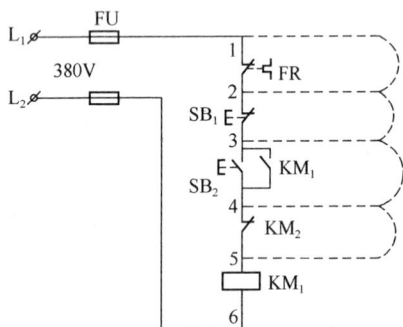

图7-6　局部短接示意图

按下起动按钮 SB_2 时，若 KM_1 不吸合，说明电路中存在故障，可运用局部短接法进行检查。检查前，先用万用表测量（1-6）两点间电压，电压不正常，不能用短接法检查。在电压正常的情况下，按下起动按钮 SB_2 不放，用一根绝缘良好的导线，分别短接标号相邻的两点，如（1-2），（2-3），（3-4），（4-5）。当短接到某两点时，KM_1 吸合，说明这两点间有断路故障。

2）长短接法

长短接法是用导线一次短接两个或多个触头查找故障的方法。

相对局部短接法，长短接法有两个重要作用和优点。一是在两个以上触头同时接触不良时，局部短接法很容易造成判断错误，而长短接法可避免误判。以图7-6为例，先用长短接法将（1-5）点短接，如果 KM_1 吸合，说明（1-5）这段电路有断路故障，然后再用局部短接法或电压法、电阻法逐段检查，找出故障点；二是使用长短接法，可把故障压缩到一个较小的范围。如先短接（1-3）点；KM_1 不吸合，再短接（3-5）点，KM_1 能吸合，说明故障在（3-5）点之间电路中，再用局部短接法即可确定故障点。

必须注意，短接法是带电操作，因此要切实注意安全。短接前要看清电路，防止错接，烧坏电器设备；二是短接法只适用于检查连接导线及触头一类的断路故障。对线圈、绕组、电阻等断路故障，不能采用此法；三是对机床的某些重要部位，最好不要使用短接法，以免考虑不周，造成事故。

（六）焊接、电热设备

1. 焊接、电热设备分类

焊接设备的主要类型有电焊机、火焰焊设备和其他焊接设备。其中主要是电焊机，它包括如下几种：

（1）电弧焊机，它又分为手工弧焊机（弧焊变压器、弧焊整流器和弧焊发电机）、埋弧焊机和气体保护弧焊机（不熔化极气体保护焊机和熔化极气体保护焊机）。

（2）电阻焊机，它分为点焊机、凸焊机、缝焊机和对焊机。

（3）其他电焊机，如电渣焊机、等离子弧焊机、高频焊机、电子束焊机、光束焊机、超声波焊机、摩擦焊机、冷压焊机、钎焊机等。

2. 安装接线

（1）接地（零）螺丝完好与接线柱导电良好。

（2）接地（零）线绝缘层完好。

（3）电源、电缆接线柱牢固可靠，接线正确导电良好。

（4）电源和电缆线绝缘层完好。

（5）电源线、焊接电缆与电焊机的接线处屏护罩完好。

（6）焊机铁芯、线圈及电器部分无灰尘。

（7）焊机冷却风扇转动灵活、正常。

（8）电焊钳无破损，与电缆连接牢固导电良好。

（9）机罩完好，铭牌完整清晰。

（10）调节旋钮或调节手柄完好，转动灵活可靠。

（11）各标志、指示灯明亮完好。

（12）焊机车轮齐全转动灵活。

3. 检查调试

（1）直观法检查

直观法是根据电器元件故障的外部表现，通过看、闻、听等手段检查判断故障的方法。

（2）维修检查步骤

1）调查情况：向操作者和故障发生时的在场人员询问情况，包括故障外部表现、大致部位以及发生故障时的环境情况。如有无异常操作、明火、热源等是否靠近电器元器件、有无腐蚀性气体侵入、有无漏水、是否有人修理过以及修理的内容等。

2）初步检查：根据调查的情况，查看有关电器元器件外部有无损坏、连线有无断路、松动，绝缘有无烧焦，螺旋熔断器的熔断指示器是否跳出，电器元器件有无进水和油垢，开关位置是否正确等。

3）试焊：通过初步检查，确认没有可能使故障进一步扩大和造成人身、设备事故后，可以通电。稳定无异常情况后，可进一步做焊接试验检查，焊机在正常工作中要注意有无严重跳水、异常气味和异常声音等现象，一经发现应立即停止，切断电源。注意检查电器元器件的温升及电器元器件的动作程序是否符合焊接设备原理图的要求，从而发现故障部位。

（3）维修检查方法

1）观察焊接设备：电器元器件的触点在闭合、分断电路或导线线头松动时会产生火花，因此可以根据火花的有无、大小等现象来检查电器元器件故障。

例如，正常坚固的导线与螺钉间发现有火花或者发热时，说明线头松动或接触不良。电器元器件的触点在闭合、分断电路时有跳火现象，说明电路通，不跳火说明电路不通。

控制电动机的接触器主触点两相有火花、有一相没火花时，表明无火花的那相触点接触不良或电路断路；三相中两相的火花比正常大，另外一相比正常小，可初步判断电动机相间短路或接地；三相火花都比正常大，可能是电动机过载或机械部分卡住。在控制电路中，电路通电后，检查焊接设备的面板指示灯或者检查输出信号，要分清故障原因。

正常后，可按一下启动按钮，如按钮常开触点闭合位置断开时有轻微的火花，说明电路通路，故障在接触器的机械部分；如触点间无火花，说明是断路。

2）焊接设备的动作程序：电气的动作程序应符合焊接设备说明书和图样的要求。如某一电路上的电器元器件动作过早、过晚或没有动作，就说明该电路或电器元器件有故障。

另外，还可以根据电器元器件发出的声音、温度、压力及气味等分析判断故障。运用直观法，不但可以确定简单的故障，还可以把较复杂的故障缩小到较小的范围。

（4）电压测量法

电压测量法是根据电器元器件的供电方式和控制电路板的工作性能，测量各的电压值与电流值并与正常值比较。具体可分为分区块测量法、分段测量法和点测法，判断故障的部位和原因。

（5）电阻测量法

电阻测量法可分为分区块测量不才分段测量法。这两种方法适用于焊接设备内部开关、电器元器件（印刷电路板）分布距离较大的焊接设备。

（6）对比、置换元器件、逐步开路（或接入）法

1）对比法把检测数据与图样资料及平时记录的正常参数相比较来判断故障。对于无资料又无平时记录的电器元器件，可查阅相关手册或者产品说明书，也可以与同型号的完好电器元器件相比较。

电路中的电器元器件元件属于同样用途性质或多个元件共同

控制同一设备时，可以利用其他相似的或同一电源的元件动作和数据情况来判断故障。

2）置转换元件法为了保证焊接设备的利用率，某些电路的故障原因不易确定或检查时间过长时，利用相同焊接设备上可转换的同一性能良好的元器件实验，以证实故障是否由此电器在元器件引起。

运用转换元件法检查时应注意，当把原电器元器件拆下后，要认真检查是否已经损坏，只有肯定是由于该电器元器件本身因素造成损坏时，才能换上新电器元器件，这样可以防止新换元件再次损坏。

3）逐步开路（或接入）法焊接设备中多支路并联且控制较复杂的电路短路或接地时，一般有明显的外部表现，如冒烟、有烧焦痕迹等。电焊机内部或带有护罩的电路短路、接地时，除熔断器熔断外，不易发现其他外部现象，这种情况可采用逐步开路（或接入）法检查。

① 逐步开路法：遇到难以检查的短路或接地故障，可重新更换熔断器熔体，把多支路电路，一路路逐步或重点地从电路中断开，然后通电试验，若熔断器一再熔断，故障就在刚刚断开的这条电路上。

② 然后再将这条支路分成几段，逐段地接入电路。当接入某段电路时熔断器又熔断，故障就在这段电路及某电器元器件元件上。这种方法简单，但容易把损坏不严重的电器元器件元件彻底烧毁。

③ 逐步接入法：电路出现短路或接地故障时，换上新熔断器逐步或重点地将各支路一步一步地接入电源，重新试验。当接到某段时熔断器又熔断，故障就在刚刚接入的这条电路及其所包含的电器元器件上。

（7）强迫闭合法

在排除电器元器件故障时，经过直观检查后没有找到故障点而手下也没有适当的仪表进行测量时，可用一根绝缘棒将有关继电器元器件、接触器以及电磁铁等用外力强行按下，使其常开触点闭合，然后观察电器元器件部分或机械部分出现的各种现象，如电动机从不转到转动，设备相应的部分从不动到正常运行等。

（8）直接短接法

设备电路或电器元器件的故障大致归纳为短路、过载、断路、接地、接线错误、电器元器件的电磁及机械部分故障、元器件老化等七类。诸类故障中出现较多的为断路故障，包括导线断路、虚连、松动、触点接触不良、虚焊、假焊以及熔断器熔断等。

对这类故障除用电阻法、电压法检查外，还有一种更为简单可靠的方法，就是短接法。即用一根良好绝缘的导线，将所怀疑的断路部位短路接起来，如短接到某处，电路工作恢复正常，说明该处断路。具体操作可分为局部短接法和长短接法。

对于连续烧坏的元器件应查明原因后再进行更换；电压测量时应考虑到导线的压降；不违反设备性能和电器元器件作用的原则，修复的焊接设备初次试通电工作前，对气体保护焊和点焊、缝焊、凸焊及对焊等设备应该先通气、通水，应该加油的部位还需要加油，清除周围障碍物，通电工作时手不得离开电源开关停止按钮，保险期间应使用等量或略小于额定值的电流；还必须注意测量仪器仪表档位的选择。

以上一些检查方法，要视情况灵活运用，但必须遵守安全操作规章，防止在设备维修过程中出现人身、设备伤害事故，并且尽可能两人操作和监护。

对焊接设备故障的检查和维修排除，要按照相关要求做好记录。方便以后类似故障发生后的检查、日常维护保养和故障排除的经验积累，也为以后更新、添置时作为合格供应方产品的业绩档案和选择产品和生产单位的依据。

八、建筑智能化、特殊电气安装

智能化建筑是一个复杂的组合体，其建筑体系包含了系统、服务、办公自动化、通信网络、建筑设备等。建筑电气设备自动化、通信自动化、办公自动化等构成了一个智能建筑系统。

（一）智能化系统组成

1. 综合布线系统

综合布线系统大致上可以划分为六个子系统，即：工作区子系统，水平支干子系统，垂直主干子系统，管理子系统，设备间子系统，建筑群子系统。

2. 有线电视系统

有线电视起源于共用天线电视系统，共用天线系统是多个用户共用一组优质天线，以有线方式将电视信号分送到各个用户的电视系统。主要由信号源、前端、干线传输和用户分配网络组成。传输方式主要有光纤、微波和同轴电缆三种。

3. 有线广播、音响系统

广播音响系统组成基本可分四个部分：音源设备、信号的放大和处理设备、传输线路和扬声器系统。现代广播音响系统主要有以下几种形式：公共广播，客房广播，会议室音响，各种餐厅音响，家庭音响，同声翻译系统等。

4. 火灾自动报警系统

火灾自动报警系统是由触发装置、火灾报警装置、联动输出装置以及具有其他辅助功能装置组成的，它具有能在火灾初期，将燃烧产生的烟雾、热量、火焰等物理量，通过火灾探测器变成电信号，传输到火灾报警控制器，并同时以声或光的形式通知整个楼层疏散，控制器记录火灾发生的部位、时间等，使人们能够及时发现火灾，并及时采取有效措施，扑灭初期火灾，最大限度的减少因火灾造成的生命和财产的损失，是人们同火灾做斗争的有力工具。

5. 保安监控系统

多媒体保安监控系统是以多媒体计算机为核心，利用最新多媒体技术和通信技术，并融合电视技术、传感技术、自动控制技术等，实现了多方位、多功能、综合性的监视报警系统。多媒体保安监控系统音频、视频输出状态可显示；报警时弹出报警菜单和报警区域地图，并在此地图上产生闪烁图像以提示报警区域，同时产生相应的语音提示；能自动记录报警信息，开机、关机信息及值班信息等，并可输出到打印机上进行打印。

6. 门禁对讲系统

门禁对讲系统主要由主机、分机、UPS 电源、电控锁和闭门器等组成。根据类型可分为直按式、数码式、数码式户户通、直按式可视对讲、数码式可视对讲、数码式户户通可视对讲等。

7. 楼宇控制系统

楼宇自控系统（Building Automation System）是针对楼宇内各种机电设备进行集中管理和监控的综合系统。主要包括空调新风机组、送排风机、集水坑与排水泵、电梯、变配电、照明等。机电设备运行状态监控：监控整个建筑物内的空调、照明、给水排水、送排风、冷热源、变配电、电梯等系统设备的各项重要运行参数以及故障报警的数据。

（二）智能化系统安装

1. 综合布线系统安装

综合布线工程施工方法

（1）施工前的检查

1）在安装工程之前，必须对设备间的建筑和环境条件进行检查，具备条件方可开工。

2）交接间环境要求。

根据设计规范和工程的要求，对建筑物垂直通道的楼层及交接间应做好安排，并检查其建筑和环境条件是否具备。

3）器材检验符合要求。

4）安全符合要求。

5）技术符合准备。

（2）双绞线传输通道施工

线缆布放在电梯或管道竖井内；干线通道间应勾通；弱电间中线缆穿过每层楼板孔洞为方形或圆形；建筑群子系统线缆敷设支撑保护应符合设计要求。

（3）建筑物垂直干线线缆布线

本系统采用室内多模光纤做为垂直干线的主要载体，光纤的垂直干线布放可参考后面的"光纤传输管道敷设"。

1）双绞线连接和信息插座的端接

双绞线端接的一般要求：

① 线缆在端接前，必需检察标签颜色和数字的含义，并按顺序端接。

② 线缆中间不得产生接头现象。

③ 线缆端接处必需卡接牢靠，接触良好。

④ 线缆端接处应符合设计和厂家安装手册要求。

⑤ 双绞电缆与连接硬件连接时，应认准线号、线位色标，不得颠倒和错接。

2）超五类模块化配线板的端接

首先把配线板按顺序依次固定在标准机柜的垂直滑轨上，用螺钉上紧，每个配线板需配有 1 个 19U 的配线管理架。

① 在端接线对之前，首先要整理线缆。用带子将线缆缠绕在配线板的导入边缘上，最好是将线缆缠绕固定在垂直通道的挂架上，这可保证在线缆移动期间避免线对的变形。

② 从右到左穿过线缆，并按背面数字的顺序端接线缆。

③ 对每条线缆，切去所需长度的外皮，以便进行线对的端接。

④ 对于每一组连接块，设置线缆通过末端的保持器（或用扎带扎紧），这使得线对在线缆移动时不变形。

⑤ 当弯曲线对时，要保持合适的张力，以防毁坏单个的线对。

⑥ 对捻必需正确地安置到连接块的分开点上。这对于保证线缆的传输性能是很重要的。

⑦ 开始把线对按顺序依次放到配线板背面的索引条中，从右到左的色码依次为紫、紫/白、橙、橙/白、绿、绿/白、蓝、蓝/白。

⑧ 用手指将线对轻压到索引条的夹中，使用打线工具将线对压入配线模块并将伸出的导线头切断，然后用锥形钩清除切下的碎线头。

⑨ 将标签插到配线模块中，以标示此区域。

3）信息插座端接

① 安装要求

信息插座应牢靠地安装在平坦的地方，外面有盖板。安装在活动地板或地面上地信息插座，应固定在接线盒内。插座面板有直立和水平等形式；接线盒有开启口，应可防尘。安装在墙体上的插座，应高出地面 30cm，若地面采用活动地板时，应加上活动地板内净高尺寸。固定螺钉需拧紧，不应有松动现象。信息插座应有标签，以颜色、图形、文字表示所接终端设备的类型。

② 信息模块端接

信息插座分为单孔和双孔，每孔都有一个 8 位/8 路插针。这种插座的高性能、小尺寸及模块化特点，为设计综合布线提供了灵活性。它采用了标明多种不同颜色电缆所连接的终端，保证了快速、准确的安装。

a. 从信息插座底盒孔中将双绞电缆拉出约 20～30cm。

b. 用环切器或斜口钳从双绞电缆剥除 10cm 的外护套。

c. 取出信息模块，根据模块的色标分别把双绞线的 4 对线缆压到合适的插槽中。

d. 使用打线工具把线缆压入插槽中，并切断伸出的余缆。

e. 将制作好的信息模块扣入信息面板上，注意模块的上下方向。

f. 将装有信息模块的面板放到墙上，用螺钉固定在底盒上。

g. 为信息插座标上标签，标明所接终端类型和序号。

（4）光纤传输通道施工

1）光纤施工基础知识

① 操作程序

a. 在进行光纤接续或制作光纤连接器时，施工人员必须戴上眼镜和手套，穿上工作服，保持环境洁净。

b. 不允许观看已通电的光源、光纤及其连接器，更不允许用光学仪器观看已通电的光纤传输通道器件。

c. 只有在断开所有光源的情况下，才能对光纤传输系统进行维护操作。

② 光纤布线过程

首先光纤的纤芯是石英玻璃的，极易弄断，因此在施工弯曲时决不允许超过最小的弯曲半径。其次光纤的抗拉强度比电缆小，因此在操作光缆时，不允许超过各种类型光缆抗拉强度。在光缆敷设好以后，在设备间和楼层配线间，将光缆捆接在一起，然后才进行光纤连接。可以利用光纤端接装置（OUT）、光纤耦合器、光纤连接器面板来建立模组化的连接。当辐射光缆工作完成后及光纤交连和在应有的位置上建立互连模组以后，就可以将光纤连接器加到光纤末端上，并建立光纤连接。最后，通过性能测试来检验整体通道的有效性，并为所有连接加上标签。

2）光缆布线的要求

布放光缆应平直，不得产生扭绞、打圈等现象，不应受到外力挤压和损伤。光缆布放前，其两端应贴有标签，以表明起始和终端位置。标签应书写清晰、端正和正确。最好以直线方式敷设光缆。如有拐弯，光缆的弯曲半径在静止状态时至少应为光缆外径的 10 倍，在施工过程中至少应为 20 倍。

3）光缆布放

① 通过弱电井垂直敷设

在弱电井中敷设光缆有两种选择：向上牵引和向下垂放。通常向下垂放比向上牵引容易些，因此当准备好向下垂放敷设光缆时，应按以下步骤进行工作：

a. 在离建筑顶层设备间的槽孔 1～1.5m 处安放光缆卷轴，使卷筒在转动时能控制光缆。将光缆卷轴安置于平台上，以便保持在所有时间内光缆与卷筒轴心都是垂直的，放置卷轴时要使光缆的末端在其顶部，然后从卷轴顶部牵引光缆。

b. 转动光缆卷轴，并将光缆从其顶部牵出。牵引光缆时，要保持不超过最小弯曲半径和最大张力的规定。

c. 引导光缆进入敷设好的电缆桥架中。

d. 慢慢地从光缆卷轴上牵引光缆，直到下一层的施工人员可以接到光缆并引入下一层。在每一层楼均重复以上步骤，当光缆达到最底层时，要使光缆松弛地盘在地上。在弱电间敷设光缆时，为了减少光缆上的负荷，应在一定的间隔上（如 5.5m）用缆带将光缆扣牢在墙壁上。用这种方法，光缆不需要中间支持，但要小心地捆扎光缆，不要弄断光纤。为了避免弄断光纤及产生附加的传输损耗，在捆扎光缆时不要碰破光缆外护套，固定光缆的步骤如下：

i. 使用塑料扎带，由光缆的顶部开始，将干线光缆扣牢在电缆桥架上。

ii. 由上往下，在指定的间隔（5.5m）安装扎带，直到干线光缆被牢固地扣好。

iii. 检查光缆外套有无破损，盖上桥架的外盖。

② 通过吊顶敷设光缆

本系统中，敷设光纤从弱电井到配线间的这段路径，一般采用走吊顶（电缆桥架）敷设的方式：

a. 沿着所建议的光纤敷设路径打开吊顶。

b. 利用工具切去一段光纤的外护套，并由一端开始的 0.3m 处环切光缆的外护套，然后除去外护套。

c. 将光纤及加固芯切去并掩没在外护套中，只留下纱线。对需敷设的每条光缆重复此过程。

d. 将纱线与带子扭绞在一起。

e. 用胶布紧紧地将长 20cm 范围的光缆护套缠住。

f. 将纱线馈送到合适的夹子中去，直到被带子缠绕的护套全塞入夹子中为止。

g. 将带子绕在夹子和光缆上，将光缆牵引到所需的地方，并留下足够长的光缆供后续处理用。

4）组装标准光纤连接器的方法

ST 型护套光纤现场安装方法

a. 打开材料袋，驱除连接体和后罩壳。

b. 转动安装平台，使安装平台打开，用所提供的安装平台底座，把安装工具固定在一张工作台上。

c. 把连接体插入安装平台插孔内，释放拉簧朝上。把连接体的后壳罩向安装平台插孔内推。当前防护罩全部被推入安装平台插孔后，顺时针旋转连接体 1/4 圈，并缩紧在此位置上。防护罩留在上面。

d. 在连接体的后罩壳上拧紧松紧套（捏住松紧套有助于插入光纤），将后壳罩带松紧套的细端先套在光纤上，挤压套管也沿着芯线方向向前滑。

e. 用剥线器从光纤末端剥去约 40～50mm 外护套，护套必须剥得干净，端面成直角。

f. 让纱线头离开缓冲层集中向后面，在护套末端的缓冲层上做标记，在缓冲层上做标记。

g. 在裸露的缓冲层处拿住光纤，把离光纤末端 6mm 或 11mm 标记处的 $900\mu m$ 缓冲层剥去。

h. 为了不损坏光纤，从光纤上一小段一小段剥去缓冲层。

i. 握紧护套可以防止光纤移动。

j. 用一块沾有酒精的纸或布小心地擦洗裸露的光纤。

k. 将纱线抹向一边，把缓冲层压在光纤切割器上。用镊子取出废弃的光纤，并妥善地置于废物瓶中。

l. 把切割后的光纤插入显微镜的边孔里，检查切割是否合格。

m. 把显微镜置于白色面板上，可以获得更清晰明亮的图像。

n. 还可用显微镜的底孔来检查连接体的末端套圈。

o. 从连接体上取下后端防尘罩并扔掉。

p. 检查缓冲层上的参考标记位置是否正确。把裸露的光纤小心地插入连接体内，知道感觉光纤碰到了连接体的底部为止。用固定夹子固定光纤。

q. 按压安装平台的活塞，慢慢地松开活塞。

r. 把连接体向前推动，并逆时针旋转连接体 1/4 圈，以便从安装平台上取下连接体。把连接体放入打褶工具，并使之平直。用打褶工具的第一个刻槽，在缓冲层上的"缓冲褶皱区域"打上褶皱。

s. 重新把连接体插入安装平台插孔内并锁紧。把连接体逆时针旋转 1/8 圈，小心地剪去多余的纱线。

t. 在纱线上滑动挤压套管，保证挤压套管紧贴在连接到连接体后端的扣环上，用打摺工具的中间的哪个槽给挤压套管打摺。

u. 松开芯线。将光纤弄直，推后罩壳使之与前套结合。正确插入时能听到一声轻微的响声，此时可从安装平台上卸下连接体。

2. 有线电视系统安装

有线电视系统施工方法及措施

（1）施工工艺流程

系统的工艺流程如下：放线→管槽安装→穿线放缆→放大器安装→终端插座、分配器及分支器安装→系统调试→工程交验。

（2）有线电视系统施工工艺及措施

1）现场定位测量按照施工图中的设备、线路位置，进行现场实地测量安装支、吊架均属标准件，其长度往往不能满足安装位置的要求，需要现场测量实际尺寸，制作必要的支架、吊架，将标准支、吊架安装在自制支、吊架上。

2）线路敷设

信号线路不宜与强电线路同管或并行敷设，走线方式及要求应符合表 8-1。

线路走线敷设表

表 8-1

干扰线路	220V 交流供电线路	高电平线路，易对其他线路造成干扰	距其他线路 45cm 以上，双线绞合行走
一般线路	24V 直流供电线路和单独传送的伴音线路	中电平线路，既对其他线路干扰又受高电平线路干扰	距敏感线路 10cm，双线绞合行走
敏感线路	视频传输电缆	低电平线路，容易受到感应和干扰	互相间距 5cm 以上，屏蔽线可不考虑间距

3）放大器的安装，在各视频电缆敷设完毕，电源线引入室内，接地线已敷设完毕，室内的地面施工完毕，粉刷和装饰工程已经结束，可进行。

4）设备配接线

电缆由监控台、柜底部引入地槽，电缆离开机柜弯点 10cm 处开始成捆绑扎，根据电缆的数量每隔 200～400cm 绑扎一次。所有电缆整根都应逐根标示明显永久性标志，以区分电缆去向和传输信号。

引入室内或引出室外的电（光）缆在出入口处应加装防水弯，以免雨水顺电（光）缆流入设备或监控台、柜。

视频电缆传输的电平信号很弱，其接续不但要求可靠牢固，同时不能使信号衰减太大，连接处不允许扭接，要进行焊接，端头接续插头是，线芯和屏蔽层均应焊接在插头上，插头不但要与设备插座相配套，还要与电缆外径相配套，插头插入设备插座后，用插头外套螺母应将插头插座琐紧。安装时应合理计算每根电缆的长度，按照每盘电缆的总长综合考虑，尽量减少中间接头。

3. 有限广播、音响系统安装

（1）编制依据

现行国家标准《火灾自动报警系统施工及验收规范》GB 50166、《建筑消防设施检验规程》DB22/T

（2）施工操作

1）施工程序

① 设备验收。

② 确定安装位置。

③ 广播器材安装。

④ 调试验收。

2）施工操作

① 广播、音响器材检查

广播、音箱安装人员应认真按安装清单核对、检查，做到器材的型号、规格材质符合设计规定，附件齐全，方可接收。

② 广播安装位置的确定

参照安装平面布置图。

广播器材安装在便于维修处，不宜安装在有振动、高温、潮湿有腐蚀的地方。

广播器材安装位置应综合考虑管线配管的走向方案。

③ 广播器材的定位安装器材安装方式，遵照安装图与产品使用说明书执行，定位高度通常距地面 2.5～3m。

广播、音箱器材安装必须做到固定牢固、美观。要求电气线路接线正确无误，接触良好，线号标志正确、清晰。电气接线盒电缆引入口密封良好。

④ 系统调试应与供货厂家一起进行，做到符合实际应用。

3）质量控制要点

① 广播室设备的位置是根据施工图来确定的。一般工厂广播容量在 500W 及以上的分别设置有录播室和机械室。也有的小型广播站把录音室和机械室合设在一起。

② 广播室设备安装之前，应将吊顶、墙壁粉刷、地板和隔音层做完；有关机柜设备的基础型钢预埋完毕；天线、地线应安装完毕，并引入室内接线端子上；进出线管槽预留位置正确，方可进行设备安装就位。

③ 设备开箱后，要认真按设备清单检查设备外表及其附件，收集保存设备操作使用说明书。

④ 广播室设备的布置应使值班人员在值班座位上能看清大部分设备的正面，能方便迅速地对各设备进行操作和调节，监视各设备的运行显示信号。

⑤ 广播室的设备安装应考虑到维修的方便，设备间不应过分密集。控制台与机架间应有较宽的通道，与落地式广播设备的净距一般不宜小于 1500mm。

⑥ 设备的安装应该平稳，端正，落地式设备应用地脚螺栓加以固定，或用角钢加固在后面的墙上。

⑦ 对于和外线有关的设备，应尽量设置在靠近外线进入的地方，同时也应考虑使用方便。这类设备最好直接安装在墙上，其安装高度可根据需要而定。分路控制盘和配电盘安装在高度为 1200mm 处（均指盘柜底边与地面之距离）。

⑧ 录播室的门旁若装置播音信号灯，信号灯装置高度约 2000mm。

⑨ 设备安装完毕，应对其垂直度进行调整，调整时，采用吊线坠和钢板尺进行。

4. 火灾自动报警系统安装

引用标准《智能建筑工程质量验收规范》GB 50339—2013《火灾自动报警系统施工及验收规范》GB 50166—2007。

（1）作业条件

1）预埋管路、接线盒、地面线槽及预留孔洞符合设计要求。

2）主机房内土建、装饰作业完工，抗静电地板安装完毕，温、湿度达到使用要求。机房内接地端子箱安装完毕。

（2）安装工艺

1）工艺流程：钢管、线槽及线缆敷设→探测器安装→手动报警按钮安装→模块箱的安装→机房设备的安装→设备接地→单体设备调试→系统联动调试→竣工验收。

2）钢管、金属线槽及线缆敷设

钢管、金属线槽及线缆敷安装规范要求进行，火灾自动报警系统中钢管和金属线槽敷设及穿线的还应满足下列要求：

① 管线与线槽的接地应符合设计要求和有关规范的规定。

② 火灾自动报警系统的传输线路应采用铜芯绝缘线或铜芯电缆，阻燃耐火性能符合设计要求，其电压等级不应低于交流 250V。

③ 火灾报警器的传输线路应选择不同颜色的绝缘导线。

④ 火灾报警器的传输线路应选择不同颜色的绝缘导线，探测器的"＋"线为红色，"－"线应为蓝色，其余线应根据不同用途采用其他颜色区分。但同一工程中相同用途的导线颜色应一致，接线端子应有标号。

3）火灾探测器安装要求

① 火灾探测器安装应符合图纸设计要求。

② 测器宜水平安装，当必须倾斜安装时，倾斜角不应大于 45°。

③ 探测器的底座应固定可靠，在吊顶上安装方式如图 8-1 所示。

④ 探测器的连接导线必须可靠压接或焊接，当采用焊接时不得使用带腐蚀性的助焊剂，外接导线应有 0.15m 的余量，入端处应有明显标志。

⑤ 探测器确认灯应面向便于人员观察的主要入口方向。

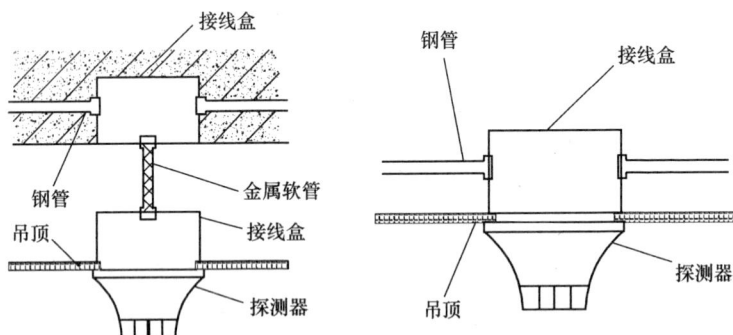

图 8-1　探测器安装示意图

⑥ 探测器底座的穿线孔宜封堵，安装时应采取保护措施（如装上防护罩）。

⑦ 在电梯井、升降机井设置探测器时其位置宜在井道上方的机房顶棚上。

⑧ 探测器至墙壁、梁边的水平距离，不应小于 0.5m 探测器周围 0.5m 内，不应有遮挡物。探测器在宽度小于 3m 的走廊布置。

⑨ 可燃气体探测器的安装位置和安装高度应依据所探测气体的性质而定：

a. 当探测的可燃气体比空气重时，探测器安装在下部。可燃气体探测器应安装在距煤气灶 4m 以内，距离地面应为 0.3m。

b. 当探测的可燃气体比空气轻时，探测器安装在上部。当梁高大于 0.6m 时，探测器应安装在有煤气灶梁的一侧。

c. 在室内梁上设置可燃气体探测器时，探测器与顶棚距离应在 0.3m 以内。

⑩ 红外光束探测器的安装应符合以下要求：

a. 发射器和接收器应安装在一条直线上。

b. 光线通路上应避免出现运动物体，不应有遮挡物。

c. 相邻两组红外光束感烟探测器水平距离应不大于 14m，探测器距侧墙的水平距离不应大于 7m，且不应小于 0.5m。

d. 探测器光束距顶棚一般为 $0.3\sim0.8\mathrm{m}$，且不得大于 $1\mathrm{m}$。

e. 探测器发出的光束应与顶棚水平，远离强磁场，避免阳光直射，底座应牢固地安装在墙上。

4）缆式探测器的安装应符合以下要求：

① 缆式探测器用于监测室内火灾时，可敷设在室内的顶棚上，其线路距顶棚的垂直距离应小于 $0.5\mathrm{m}$。

② 热敏电缆安装在电缆托架或支架上时，要紧贴电力电缆或控制电缆的外护套，呈正弦波方式敷设。

③ 热敏电缆敷设在传送带上时，可借助 M 形吊线直接敷设于被保护传送带的上方及侧面。

④ 热敏电缆安装于动力配电装置上时，应与被保护物有良好的接触。热敏电缆敷设时应用固定卡具固定牢固，严禁硬性折弯、扭曲，防止护套破损。必须弯曲时，弯曲半径应大于 $20\mathrm{cm}$。

⑤ 手动火灾报警按钮的安装，如图 8-2 所示。

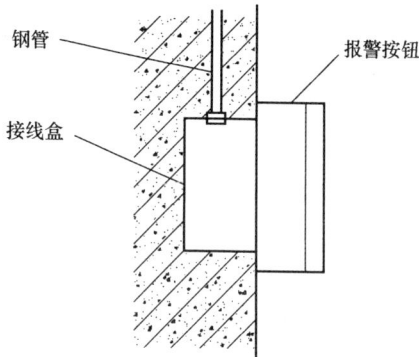

图 8-2　手动火灾报警安装示意图

a. 手动火灾报警按钮应安装位置和高度应符合设计要求，安装牢固且不应倾斜。

b. 手动火灾报警按钮外接导线应留有 $0.10\mathrm{m}$ 的余量，且在端部应有明显标志。

5）区域报警控制器安装

① 区域报警控制器应根据设计要求的位置用金属膨胀螺栓明装，且安装时应端正牢固，不得倾斜。

② 用对线器进行对线缆进行编号，将导线留有一定的余量，分束绑扎。

③ 压线前应对导线的绝缘进行摇测，合格后方可压线。

④ 控制箱内的模块应按设备制造商和设计的要求安装配线，要求合理布置，且安装应牢固端正，并有标识。

6）消防控制主机安装

消防控制主机安装应符合下列要求：

控制设备前操作距离，单列布置时不应小于1.5m，双列布置时不应小于2m，在有人值班经常工作的一面，控制盘到墙的距离不应小于3m，盘后维修距离不应小于1m，控制盘排列长度大于4m时，控制盘两端应设置宽度不小于1m的通道。

5. 保安监控系统安装

（1）监控室布局

1）监控室的大小应根据系统大小、设备多少，进行选定，主要应考虑电视墙及操作台放置，并考虑扩展余地及安放录像带柜，检修过道等因素，还应考虑值班人员休息位置。宜选用15～50m的范围，其净高度不应小于2.3m。

2）为方便设备搬运及机柜操作台搬入，大门宽度不应小于900mm。

3）监控室地面应考虑防静电活动地板，电缆在地板下可灵活布放，地板离地高度不应小于150mm。

4）监控室内设备排列，应便于维护与操作，并应满足安全、消防的规定要求。

5）电视墙面宜朝北或朝南放置，以避免监视器受到地磁场干扰。

6）操作台与电视墙的净距离不应小于1m。宜选取1～3m范围，使工作操作有最佳监视角范围。

7）到监控室的总线缆应用垂直桥架放线，水平线缆及控制线的敷设宜设计地槽，以保护线缆，敷设方便，降低费用。

8）电视录像机柜背面应留出不小于 800mm 通道，以便安放及检修设备。

9）电视屏幕不应受外来光直射，当存在不可避免的光线时，应加遮光罩。操作台与屏幕间的顶部不宜设灯源，其他周围灯源与应设计有能独立关断的开关。

10）监控室吊顶不宜设置消防喷头，消防需要可考虑安放灭火器备用。

11）监控室排风口应设置在电视墙背后顶部，并考虑配置大于 2 匹的独立立式空调，以便 24 小时值班工作需要。空调的出水管口也应设计考虑位置。

12）监控室宜设置在环境安静，较隐蔽的场所，附近应设有洗手间。

13）监控室内应设有内外联络通信电话。

（2）监控机柜和操作台的安装

1）监控机柜、操作台的安装位置应符合设计要求，当有困难时可根据现场条件，电缆地槽和接线盒插座位置作适当调整。

2）电视墙，录像机柜安装应竖直平稳，垂直偏差不得超过 1%。

3）几个单元柜排放在一起，面板应在同一平面上并与基准线平等，前后偏差不得大于 3mm。两个单元柜中间缝隙不得大于 3mm。

4）机柜内的设备，部件的安装，应在机架定位调试完毕并加固后进行。

5）安装在机架内的设备应平稳牢固，端正，搁板不松动，并预先考虑放置止扣的位置。

6）机柜及操作台支架上的固定螺栓，垫片和弹簧势圈均应按要求坚固，不得遗漏。

7）安装机柜及操作台时，应小心仔细，不操作其外表塑层，表面整洁无划痕。

8）安装施工时，操作台不应放置其他设备及工具。

9）机柜安装完毕后，应加发泡防尘，台面应加纸板粘带贴封，注意成品保护。

（3）监控系统的配电

1）监控室内除照明外，应装备单相独立控制 220V 交流电源，从电容容量不应小于 5kVA，并配置预留 4 路单相空气开关的专用配电箱（离地 1.5m）。

2）四路空气开关的分配为监视器一路，其他监控设备一路，墙插座一路，空调插座一路。

3）到监视器一路电源应独立敷设 DG20 电线管至电视机柜下方接 86 型盒出头。到其他设备一路，电源应独立敷设 DG20 电线管至操作台下接 86 型盒出头。

4）监控室操作台前及电视机柜背面侧墙应设置调试检修用电源墙插座。其高度为离地 300mm。

5）空调插座宜放置在远离操作人员侧墙位。

6）监控系统的监视器耗电较大，在电网电压较稳定地区，宜直接接入交流 220V 电网。

7）监控系统的其他设备用电，应通过交流稳压电源后接用。稳压装置标称功率不得小于系统使用功率的 1.5 倍。

8）系统除设有供电总开关外，摄像机报警系统等部分供电应独立接入控制开关，可开断操作。

9）各类摄像机的供电宜由监控室引专线经隔离变压器统一按楼层供电。

（4）监控系统的接地与安全保护

1）监控系统的接地宜采用一点接地方式。接地母线应采用铜质线。接地线不得形成封闭回路。不得与强电的电网零线短接或混接。

2）系统采用专用接地装置时，其接地电阻不得大于 4Ω；采用综合接地网时，其接地电阻不得大于 1Ω。

3）各类摄像机的供电由监控室进入弱电井道应独立加布电

线管，接配电箱分支。

4）设置电源开关，熔断器或变压稳压装置保护。金属管道应接地。

5）在高层建筑物屋顶装置监控设备时，应设置避雷保护装置。注意安全防护。

6）接地母线应铺放在地槽或电缆走道中央，并固定在架槽的外侧，母线应平整，不得有歪斜、弯曲，其表面应完整，光滑无毛刺。

7）监控机柜、操作台及设备接地连接应牢固。

（5）摄像机的安装

1）逐个检查摄像机所有微动开关是否调到正常要求位置。

2）将摄像机逐个通电进行检测和粗调，按《摄像机后焦调整方法》进行仔细调整后焦，实看图像清晰度质量。

3）摄像机宜安装在监视目标附近不易受外界损伤的地方，安装位置不应影响现场设备运行和人员正常活动。安装高度宜距地面 2.5～5m。

4）摄像机镜头应避免强头直射，保证摄像管靶面不受损伤。镜头视场内，不得有明显遮挡监视目标的物体。

5）摄像机镜头应从光源方向或侧光源方向对准监视目标，应避免逆光安装，当需要逆光安装时，应设法尽量减弱逆光强度，换配有逆光补偿摄像机。

6）对墙角支装摄像机，支架离墙角应有 300mm 间距，离顶应有大于 200mm 间距。即要美观，又不要影响破坏装饰表面。

7）在石膏板吊顶支装摄像机，其支架应牢靠，稳固，有条件的话，其石膏板上部应加小木板作衬板，帮助紧固支架螺钉。

8）对嵌入式摄像机安装，应预先开孔，与装潢同步进行。

9）按现场视角要求选配安装相应焦距的固定镜头。并按现场光亮度确定好光圈，按现场物距，景深要求粗调聚焦。

10）当监视目标光照度有较强（如室外）变化时，应选配采用自动光圈可调镜头。

11）在搬动，安装摄像机过程中，不得打开镜头保护盖。

12）将摄像机固定到支架防护罩，插上插头，接入电源线应牢固不松动。

13）从摄像机引出的视频线电源线应一起捆扎固定，根据现场监视位置调整好，线缆长度，不留多余余量，不用插头承受电缆的自重。

14）通电试看，进一步细调，检查观察监视区域的覆盖范围和图像质量，符合要求后方可盖防护罩固定。

6. 门禁对讲系统安装

管线施工

门禁对讲系统工程安装及调试安全防范工程的系统布线应符合《电气装置安装工程接地装置施工及验收规范》GB 50169—2016 以及其他的国家颁布的规范及规定。

室内敷设

室内线路的布线设计和施工应做到短捷、安全可靠，尽量减少与其他管线的交叉跨越，避开环境条件恶劣的场所，便于施工维护。对安全防范系统的传输线路要注意隐蔽保密。施工时需遵守下列规定：

（1）传输线路采用绝缘导线时，应采取穿金属管、硬质塑料管、半硬质塑料管或封闭式线槽保护方式布线，优选穿钢管或电线管。传输线路采用耐压不低于 250V 铜芯绝缘多股电线。

（2）布线使用的非金属管材、线槽及其附件采用不燃或阻燃性材料制成。

（3）报警线路应采取穿金属管保护，并宜暗敷在非燃烧体结构或吊顶里，其保护层厚度不应小于 3cm；当必须明敷时，应在金属管上采取防火保护措施（一般可采用壁厚大于 25mm 的硅酸钙筒或石棉、玻璃纤维保护筒。但在使用耐热保护材料时，导线允许载流量将减少。对硅酸钙保护筒，电流减少系数为 0.7；对石棉或玻璃纤维保护筒，电流减少系数为 0.6）。

7. 楼宇控制系统安装

（1）楼宇控制系统的介绍

智能建筑是建筑技术与计算机信息技术相结合的产物，是信息社会与经济国际化的需要。智能建筑主要有楼宇自动化控制系统（BAS）、通信自动化系统（CAS）和办公自动化系统（OAS）三大系统组成。智能建筑往往是从楼宇自动化控制系统开始。智能建筑内部有大量的电气设备，这些设备多而散。如果采用分散管理，就地控制，监视和测量难以想象。为了合理利用设备，节省能源，节省人力，确保设备的安全运行，自然提出了如何加强设备的管理问题。

（2）组成和作用

楼宇中电力设备，如电梯、水泵、风机、空调等，其主要工作性质是强电驱动。没有形成一个闭环回路，接通电源后，设备就在工作，至于工作状态、进程、能耗等，无法在线及时得到数据，不能合理使用和节约能源。现在楼宇自控是将上述的电器设备进行在线监控，通过设置相应的传感器、行程开关、光电控制等，对设备的工作状态进行检测，并通过线路返回控制机房的中心电脑，由电脑得出分析结果，再返回到设备终端进行调解。

（3）现场施工条件

设备运到现场，认真开箱检查各元件是否完整无损，根据设备装箱清单，施工图纸，核对型号规格，部件是否齐全，做好记录。控制台屏安装在操作人员便于操作位置，也要考虑今后电气检修的方便，就地控制箱、控制器、执行器，按平面图结合使用场地作合理布置。控制回路结线做到排列整齐，标识清楚，为日后调试检修带来方便。

（4）DDC箱（直接数字控制系统）的安装要求

1）DDC箱安装应牢固，高度尽量与就近的低压控制柜一致，垂直偏差度应不大于1.5mm，柜面标示完整清晰，漆面如有脱落应在验收前予以补漆。

2）柜内控制器、模块等安装牢固，端子配线正确，接触紧密，各种零件不得脱落或碰坏。

3）DDC 箱定位合理（省料、方便维修、不与其他专业冲突），安装牢固端正、其垂直偏差不应大于 1.5mm。固定方法按施工现场条件而定，宜采用预置膨胀螺钉。安装的具体位置应综合考虑周围环境的美观、操作的方便与屏蔽效果。

4）箱体开孔合适，切口整齐。暗配 DDC 箱箱盖紧贴墙面；零线经汇流排连接；无校接现象；油漆完整；箱内外清洁；箱面标牌正确；箱盖开关灵活；器件、回路编号齐全；端子排接线整齐；PE 线安装明显牢固。

5）DDC 箱相关控制回路安装完毕后，先用万用表检测线路通断，再用 500V 兆欧表对线路进行绝缘测量。

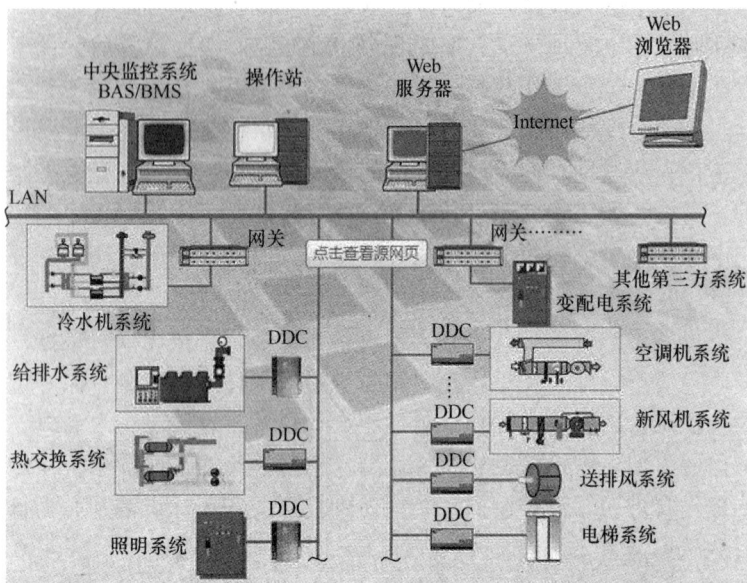

图 8-3　楼宇控制系统示意图

6）所有 DDC 箱及底座、金属管线必须与 PE 线可靠连接。可开启的箱门用多股软导线与 PE 线连接。上方不应敷设管道，箱底座周围应采取封闭措施，并能防止鼠、蛇等小动物进入箱内。

7）按系统设计图检查主机、网络控制设备、UPS、打印机、HUB 集选器等设备之间的连接电缆型号以及连接方式是否正确。尤其要检查其主机与 DDC 之间的通信线，要有备用线。

8）DDC 箱内的内部接线及外部接线必须按设计图施工，接线正确，连接可靠，电缆芯线和所配导线的端部均应标明其回路编号，编号应为永久性标志，导线绝缘良好，不应有接头，箱内采用的线材应符合设计要求，敷设时应有合适的裕量。

（5）温、湿度传感器的安装

不应安装在阳光直射的位置，远离有较强振动、电磁干扰的区域，其位置不能破坏建筑外观的美观与完整性，室外温度、湿度传感器应有防风雨保护罩。应尽可能远离窗、门和出风口的位置，如无法避开则与之距离不应小于 2m。并列安装的传感器，距地高度应一致，高度差不应大于 1mm，同一区域内高度差不应大于 5mm。

（6）电量变送器的安装

电量变送器通常安装在监测设备（高低压开关柜）内，或者在供配电设备附近装设单独的电量变送柜，将全部的变送器放在该柜内。然后将相应监测设备的 CT、PT 输出端通过电缆接入电量变送器柜，并按设计和产品说明书提供的接线图接线，再将其对应的输出端接入 DDC 相应的监测端。

变送器接线时，严防其电压输入端短路和电流输入端开路。必须注意变送器的输入、输出端的范围与设计和 DDC 所要求的信号相符。

（三）特殊电气安装

1. 爆炸和火灾危险环境的区域划分

（1）爆炸性气体环境危险区域划分

应根据爆炸性气体混合物出现的频繁程度和持续时间按下列规定进行分区：0 区连续出现或长期出现爆炸性气体混合物的环境；1 区在正常运行时可能出现爆炸性气体混合物的环境；2 区在正常运行时不可能出现爆炸性气体混合物的环境或即使出现也仅是短时存在的爆炸性气体混合物的环境。

（2）爆炸性粉尘环境危险区域划分

应根据爆炸性粉尘混合物出现的频繁程度和持续时间按下列规定进行分区：10 区连续出现或长期出现爆炸性粉尘环境；11 区有时会将积留下的粉尘扬起而偶然出现爆炸性粉尘混合物的环境。

（3）火灾危险区域划分

根据火灾事故发生的可能性和后果以及危险程度及物质状态的不同按下列规定进行分区：21 区具有闪点高于环境温度的可燃液体在数量和配置上能引起火灾危险的环境；22 区具有悬浮状堆积状的可燃粉尘或可燃纤维虽不可能形成爆炸混合物但在数量和配置上能引起火灾危险的环境；23 区具有固体状可燃物质在数量和配置上能引起火灾危险的环境。

生产的火灾危险性分类表　　　　　　　　　　表 8-2

生产的火灾危险性分类	使用或产生下列物质生产的火灾危险性特征
甲	闪点小于 28℃的液体
	爆炸下限小于 10%的气体
	常温下能自行分解或在空气中氧化能导致迅速自燃或爆炸的物质
	常温下受到水或空气中水蒸气的作用，能产生可燃气体并引起燃烧或爆炸的物质
	遇酸、受热、撞击、摩擦、催化以及遇有机物或硫磺等易燃的无机物，极易引起燃烧或爆炸的强氧化剂
	受撞击、摩擦或与氧化剂、有机物接触时能引起燃烧或爆炸物质
	在密闭设备内操作温度不小于物质本身自燃点的生产

生产的火灾危险性分类	使用或产生下列物质生产的火灾危险性特征
乙	闪点不小于28℃，但小于60℃的液体
	爆炸下限不小于10%的气体
	不属于甲类的氧化剂
	不属于甲类的易燃固体
	助燃气体
	能与空气形成爆炸性混合物的浮游状态的粉尘、纤维、闪点不小于60℃的液体雾滴
丙	闪点不小于60℃的液体
	可燃固体
丁	对不燃烧物质进行加工，并在高温或熔化状态下经常产生强辐射热、火花或火焰的生产
	利用气体、液体、固体作为燃料或将气体、液体进行燃烧作其他用的各种生产
	常温下使用或加工难燃烧物质的生产
戊	常温下使用或加工不燃烧物质的生产

同一座厂房或厂房的任一防火分区内有不同火灾危险性生产时，该厂房或防火分区内的生产火灾危险性分类应按火灾危险性较大的部分确定。当符合下述条件之一时，可按火灾危险性较小的部分确定：

（1）火灾危险性较大的生产部分占本层或本防火分区面积的比例小于5%或丁、戊类厂房内的油漆工段小于10%，且发生火灾事故时不足以蔓延到其他部位或火灾危险性较大的生产部分采取了有效的防火措施。

（2）丁、戊类厂房内的油漆工段，当采用封闭喷漆工艺，封闭喷漆空间内保持负压、油漆工段设置可燃气体自动报警系统或自动抑爆系统，且油漆工段占其所在防火分区面积的比例不大于20%。

厂房之间及与乙、丙、丁、戊类仓库、民用建筑的防火间距（m）

表8-3

名称		甲类厂房 单、多层 一、二级	乙类厂房（仓库） 单、多层 一、二级	三级	高层 一、二级	丙、丁、戊类厂房（仓库） 单、多层 一、二级	三级	四级	高层 一、二级	民用建筑 裙房、单、多层 一、二级	三级	四级	高层 一类	高层 二类
甲类厂房	单、多层 一、二级	12	12	14	13	12	14	16	13	25			50	
乙类厂房	单、多层 一、二级	12	10	12	13	10	12	14	13					
	单、多层 三级	14	12	14	15	12	14	16	15					
	高层 一、二级	13	13	15	13	13	15	17	13					
丙类厂房	单、多层 一、二级	12	10	12	13	10	12	14	13	10	12	14	20	15
	单、多层 三级	14	12	14	15	12	14	16	15	12	14	16	25	20
	单、多层 四级	16	14	16	17	14	16	18	17	14	16	18		
	高层 一、二级	13	13	15	13	13	15	17	13	13	15	17	20	15
丁、戊类厂房	单、多层 一、二级	12	10	12	13	10	12	14	13	10	12	14	15	13
	单、多层 三级	14	12	14	15	12	14	16	15	12	14	16	18	15
	单、多层 四级	16	14	16	17	14	16	18	17	14	16	18		
	高层 一、二级	13	13	15	13	13	15	17	13	13	15	17	15	13

名称		甲类厂房 单、多层 一、二级	乙类厂房(仓库)		丙、丁、戊类厂房(仓库)				民用建筑				
			单、多层 一、二级	高层 二级	单、多层			高层 一、二级	裙房、单、多层		多层	高层	
					一、二级	三级	四级		一、二级	三级	四级	一类	二类
室外变、配电站	变压器总油量(t) ≥5,≤10	25	25	25	12	15	20	12	15	20	25	20	20
	>10,≤50				15	20	25	15	20	25	30	25	25
	>50				20	25	30	20	25	30	35	30	30

注：（1）乙类厂房与重要公共建筑的防火间距不宜小于50m，与明火或散发火花地点，不宜小于30m。单、多层戊类厂房之间及与戊类仓库的防火间距可减少2m，与民用建筑的防火间距可按本表有关建筑的规定减小。为丙、丁、戊类厂房服务而单独设置的生活用房应按民用建筑确定，与所属厂房的防火间距不应小于6m。当确需相邻布置时，应符合本表注（2）、（3）的规定。

（2）两座厂房相邻两面外墙均为防火墙，或高度相同的一、二级耐火等级建筑中相邻任一侧外墙为防火墙且屋顶的耐火极限不低于1.00h时，其防火间距不限，但甲类厂房之间不应小于4m。两座丙、丁、戊类厂房相邻两面外墙均为不燃性墙体，当无外露的可燃性屋檐，每面外墙上的门、窗、洞口面积之和各不大于该外墙面积的5%，且门、窗、洞口不正对开设时，其防火间距可按本表规定减少25%。甲、乙类厂房（仓库）不应与本规范第3.3.5条规定的其他建筑贴邻。

（3）两座一、二级耐火等级的厂房，当相邻较低一面外墙为防火墙且较低一座厂房的屋顶无天窗、屋顶的耐火极限不低于1.00h，或相邻较高一面外墙的门、窗等开口部位设置甲级防火门、窗或防火分隔水幕或按《建筑设计防火规范》GB50016—2014第6.5.3条的规定设置防火卷帘时，甲、乙类厂房之间的防火间距不应小于6m；丙、丁、戊类厂房之间的防火间距不应小于4m。

（4）发电厂内的主变压器，其油量可按单台确定。

（5）耐火等级低于四级的既有厂房，其耐火等级可按四级确定。

（6）当丙、丁、戊类厂房与丙、丁、戊类仓库相邻时，应符合本表注（2）、（3）的规定。

2. 爆炸和火灾危险环境电气装置施工要求

防爆电气系统安装

（1）电线保护管明装敷设

1）施工程序

2）明配管路的施工方法，一般为配管沿墙、支架、吊架敷设，管子在敷设前应按设计图纸或标准图集，加工好各种支架、吊架和大钢管的预制弯。

3）明敷设管线应紧贴墙面，板下，梁下做到横平竖直，当管线长度超过 30m 时，中间应做接线盒。

4）配线钢管应采用低压流体输送镀锌焊接钢管。

5）钢管与钢管、钢管与电气设备、钢管与钢管附件之间的连接应采螺纹连接，并符合下列要求：

① 螺纹加工光滑、完整、无锈蚀，在螺纹上应涂电力复合脂。

② 在爆炸性主体与隔爆型设备连接时，螺纹连接处应有锁紧螺母。

③ 外露丝扣不应过长。

6）电气管路之间不得采用倒扣连接，当连接有困难时，应采用防爆活接头。

7）所有分支导线均穿钢管（RC）明敷，接线盒分支盒应为防爆型，接线盒与≤DN25 钢管连接时螺纹旋合不小于 5 扣，接线盒与大于 DN25 钢管连接时螺纹旋合不小于 6 扣。

8）支架、吊架制作一般采用角钢，小型槽钢与钢板加工制作，下料应用钢锯和切割机切割，严禁用电气焊切割（钢板除外），钻孔应用手电钻和台钻钻孔，严禁用电、气焊吹孔。

9）测量定位

明配管应在装饰面完成后进行。在配管前应按设计图纸确定配电设备位置，各种箱、盒及用电设备位置，并将箱、盒与建筑物固定牢固，然后根据明配管线应横平竖直的原则，顺线路的水平方向和垂直方向进行弹线定位，测量出支吊架的间距和固定点的具体位置。支吊架固定点的距离应均匀，管卡与终端、转弯中点、电气器具或接线盒边缘距离为 150～500mm。

10）配管时要注意每根电缆管弯头不宜超过 3 个，直角弯不宜超过 2 个。

11）配管要尽量减少转弯，沿最短路径，经综合考虑确定合理管路敷设部位和走向，确定正确盒箱的正确位置。

12）所有电缆桥架，线槽，穿线金属管均应做好跨接线。金属桥架内设 25mm×4mm 热镀锌扁钢使金属桥架两端可靠连接。

13）测定盒、箱位置

根据施工图要求，确定盒、箱轴线位置，根据土建标出的水平线为基准，连通器找平，标出盒箱的实际安装位置。

14）固定盒箱

管路和钢筋可用铁线捆扎固定，盒、箱中要加填满塑料泡沫或其他填充物，防止水泥落入盒、箱，要求放置平整牢固，坐标正确。

（2）管内穿线与接线

1）施工程序。

2）在管路较长或弯头较多时，可以在敷设管路的同时将引线一并穿好。

3）管道内有泥砂等杂物时，应用布条绑扎在引线上来回拉动，将管内杂物清净。

4）放线

① 放线前应根据施工图对穿入的导线的规格、型号进行核对，发现规格不符或绝缘层质量不好导线应及时退换。

② 放线时使用放线架避免导线扭结。

5）引线与导线绑扎

如导线数量较多和截面较大，要把导线端部剥出线芯，用绑线缠绕绑扎牢固，使绑扎端接头处形成一个平滑的锥形过渡部位，然后再穿入管。

6）管口带护口

导线穿入钢管前，应给管口带塑料护线套，以防穿线时管口留有毛刺损坏导线的绝缘层。

7）管内穿线

穿放入管内导线不应有接头。

8）导线连接的质量要求

① 割开导线的绝缘层时，不应损伤线芯。

② 截面超过 2.5mm^2 的多股铜芯线的终端应焊接或压接端子后再与电器的端子连接（设备自带插接式的端子除外）。

③ 使用锡焊法连接铜导线时，焊锡应灌饱满，不应使用酸性焊剂。

9）铜导线的直接连接与分支连接可采用闭压端子连接。

（3）室内照明配电箱、开关、插座、灯具等电器安装

1）防爆设备安装前的检查

① 设备型号、规格应符合设计要求，铭牌及防爆标志清晰。

② 设备外壳无裂纹、损伤。

③ 密封衬垫齐全完好。

④ 接地标志反接地螺钉应完好。

2）防爆设备不宜拆装

3）配电箱安装

① 施工程序。

② 本工程低压电力和照明配电箱安装方法分为明装（悬挂式）和暗装（嵌入式），配电箱应根据设计由工厂成套生产。

③ 嵌入式暗装。

a. 箱体预埋前箱体与箱盖（门）和盘面解体后要做好标志。

b. 箱体预埋要配合土建主体施工进行，箱体埋入墙内入置要平正、固定牢固，箱体与墙面的定位尺寸应根据制造厂面板安装形式决定。

c. 盘面电器元件安装应按制造厂原组件整体进行恢复安装，接线应美观、整齐、可靠。

d. 配电箱面板四周边缘应紧贴墙面，不能缩进抹灰层内或

突出抹灰层。

e. 明装配电箱一般有铁架固定配电箱和金属膨胀螺栓固定配电箱。需铁架固定的配电箱的铁架的固定形式可采用预埋或用膨胀螺栓固定。

f. 明配钢管和暗配的镀锌钢管与配电箱采用锁紧螺母固定，管端螺纹宜外露2～3扣，管口要加插一个护线套（护口）。

g. 配电箱（盘、板）安装的允许偏差，同前面第一节第2点《成套配电柜（盘）及动力开关柜安装》。

h. 漏电开关的安装：漏电开关后的N线不准重复接地，不同支路不准共用（否则误动作），不准作保护线用（否则拒动），应另敷设保护线。

（4）防爆灯具开关插座安装

1）施工程序。

2）防爆灯具安装的要求：

① 灯具的防爆标志、外壳的防护等级与爆炸危险环境相适应。

② 灯具配套齐全，不用非防爆零件替代灯具套件。

③ 灯具的安装位置离开释放源，具不在各种管道的泄压口及排放口上、下方安装灯具。

④ 灯具及开关安装牢固可靠，灯具吊管及开关和接线盒螺纹啮合扣数不少于5扣，螺纹光滑并涂电力复合脂。

⑤ 开关安装位置便于操作，高度为1.3m。

九、电气工程竣工验收与试运行

（一）试　运　行

1. 试运行准备

（1）建筑电气动力工程的空载试运行和建筑电气照明工程负荷试运行前应该根据试运行方案或作业指导书有电气工程师对操作人员进行交底。

（2）高压的电气设备、布线系统以及继电保护系统必须进行交接试验。

（3）电气设备的外露可导电部分应单独与保护导体相连接，不得串联连接，并经检查合格。

（4）通电前，动力成套配电柜、台、箱的交流工频耐压试验和保护装置的动作试验应合格。

（5）空载试运行前，控制回路模拟动作试验合格，盘车或手段操作检查电气部分与机械部分的转动或动作协调一致。

（6）试运行前，相关电气设备和线路应按规定试验合格。

（7）现场单独安装的低压电器交接试验项目应符合规范的规定。

（8）电动机应试通电，并应检查转向和机械转动情况。

（9）电气动力设备的运行电压、电流应正常，各种仪表指示应正常。

（10）电动执行机构的动作方向及指示应与工艺装置的设计要求保持一致。

2. 试运行及记录

（1）电动机试运行应符合下列规定：

1）空载试运行时间宜为2h，机身和轴承的温升、电压和电流等应符合建筑设备或工艺装置的空载状态运行要求，并应记录电流、电压、温度、运行时间等有关数据。

2）空载状态下可启动次数及间隔时间应符合产品技术文件的要求；无要求时，连续启动2次的时间间隔不应小于5min，并应在电动机冷却至常温下进行再次启动。

（2）建筑物照明通电试运行

1）灯具回路控制应符合设计要求，且应与照明控制柜、箱（盘）及回路的标识一致；开关宜与灯具控制顺序相对应，风扇的转向及调速开关应正常。

2）公共建筑照明系统通电连续试运行时间应为24h，住宅照明系统通电连续试运行时间应为8h。所有照明灯具均应同时开启，且应每2h按回路记录运行参数，连续试运行时间内应无故障。

（3）试运行记录

所有试运行应进行记录，并形成资料，作为质量评价及验收的依据。

（二）竣 工 验 收

1. 竣工验收条件

（1）验收建筑电气工程前，电气设备安装人员要完成下列试验

1）电气设备交接试验。

2）电动机检查（抽芯）。

3）接地电阻测试。

4）绝缘电阻测试。

5）接地故障回路阻抗测试。

6）剩余电流动作保护器测试。

7）电气设备空载试运行和负荷试运行。

8）EPS 应急持续供电时间测试。

9）建筑照明通电试运行。

10）接地（等电位）联结导通性测试。

（2）对智能建筑竣工验收前应检测以下内容

1）通信信息网络系统应检测

表 9-1

1	视频输出电平	11	局间接通率
2	音频系统不平衡度	12	数据误码率
3	音频输出电平	13	传输信道速率
4	声压级	14	误比特率
5	延迟时间	15	连通性
6	语言清晰度	16	传输速率、吞吐率、丢包率
7	混响时间	17	传输时延
8	频宽	18	信息安全的网络隔离性能
9	直流电压	19	容错系统切换时间
10	局内障碍率		

检测依据：《智能建筑工程质量验收规范》GB 50339—2013、《智能建筑工程检测规程》CECS 182—2015、《基于以太网技术的局域网系统验收测评规范》GB/T 21671—2008、《有线电视系统工程技术规范》GB 50200—2018。

2）综合布线系统应检测

表 9-2

1	连接图	6	等电平远端串音	11	传输时延偏差
2	长度	7	等电平远端串音功率和	12	直流环路电阻
3	衰减	8	衰减串音比	13	屏蔽层导通
4	近端串音	9	衰减串音比功率和	14	回波损耗
5	近端串音功率和	10	传输时延	15	光纤衰减

检测依据：《智能建筑工程质量验收规范》GB 50339—2013、《智能建筑工程检测规程》CECS 182—2015、《综合布线

系统工程验收规范》GB 50312—2016、《综合布线系统工程设计规范》GB/T 50311—2016。

　　3）智能化系统集成应检测：网络设备连通性、子网间的通信性

　　检测依据：《智能建筑工程质量验收规范》GB 50339—2013、《智能建筑工程检测规程》CECS 182—2015。

　　4）电源与接地应检测

表 9-3

1	交流电压	6	耐压性能	11	供电电压偏差
2	频率	7	导线截面积	12	电压波动和闪变
3	波形畸变率	8	设备噪声	13	暂时过电压和瞬态过电压
4	绝缘电阻	9	电流		
5	接地电阻	10	三相电压不平衡		

　　检测依据：《智能建筑工程质量验收规范》GB 50339—2013、《智能建筑工程检测规程》CECS 182—2015、《建筑电气安装工程施工质量验收规范》GB 50303—2015、《智能建筑设计标准》GB/T 50314—2015、《电能质量供电电压偏差》GB/T 12325—2008、《电能质量电压波动和闪变》GB/T 12326—2008、《电能质量公用电网谐波》GB/T 14549—1993、《电能质量三相电压不平衡》GB/T 15543—2008、《电能质量电力系统频率偏差》GB/T 15945—2008、《电能质量暂时过电压和瞬态过电压》GB/T 18481—2001。

　　5）环境系统应检测

表 9-4

1	地毯静电泄露	4	CO_2 含量率	7	风速
2	室内噪声	5	温度	8	光照度
3	CO 含量率	6	湿度	9	电磁波场强

　　检测依据：《智能建筑工程质量验收规范》GB 50339—2013、《智能建筑工程检测规程》CECS 182—2015。

6）建筑设备监控系统应检测

表 9-5

1	交流电压	5	功率因素	9	湿度
2	交流电流	6	光照度	10	风速
3	有功功率	7	响应时间	11	频率
4	无功功率	8	温度		

检测依据：《智能建筑工程质量验收规范》GB 50339—2013、《智能建筑工程检测规程》CECS 182—2015、《建筑电气安装工程施工质量验收规范》GB 50303—2015。

7）安全防范系统应检测：响应时间、报警声级、视频信号质量。

检测依据：《智能建筑工程质量验收规范》GB 50339—2013、《智能建筑工程检测规程》CECS 182—2015、《民用闭路监视电视系统工程技术规范》GB 50198—2011、《安全防范工程技术规范》GB 50348—2004、《安全防范系统验收规则》GA308—2011、《建筑电气安装工程施工质量验收规范》GB 50303—2015。

8）住宅（小区）智能化应检测

表 9-6

1	视频信号质量	7	频率	13	网络设备连通性
2	音频系统不平衡度	8	波形畸变率	14	子网间通信性能
3	音频输出电平	9	接地电阻	15	光照度
4	声压级	10	绝缘电阻	16	综合布线性能
5	频宽	11	导线截面积	17	电流
6	交流电压	12	设备噪声	18	三相电压不平衡

检测依据：《智能建筑工程质量验收规范》GB 50339—2013、《智能建筑工程检测规程》CECS 182—2015。

2. 竣工验收

电气工程在竣工验收时应对相应的检测数据按照一定的比例进行复查，具体抽查项目、范围及数量由竣工验收小组确定。

习　　题

第一章　安全生产常识

一、判断题

1. 在腐蚀环境中敷设电缆时，电缆可做中间接头。

【答案】错误

【解析】在腐蚀环境中敷设电缆时，如果中间做接头的话，电缆会受到腐蚀。

2. 用电设备的配电系统软线中的绿/黄双色线在任何情况下只能用作保护线。

【答案】正确

【解析】《用电安全导则》GB/T 13869—2008 第 6.13 条规定：保护接地线应采用焊接、压接、螺栓连接或其他可靠方法连接，严禁缠绕或钩挂。电缆（线）中的绿/黄双色线在任何情况下均只能用作保护接地线。

3. 总配电箱中漏电保护器的额定漏电动作电流应大于30mA，额定漏电动作时间应大于 0.1s，但其额定漏电动作电流与额定漏电动作时间乘积不应大于 30mA·s。

【答案】正确

【解析】《施工现场临时用电安全技术规范》JGJ 46—2005 第 8.2.11 条规定：总配电箱中漏电保护器的额定漏电动作电流应大于 30mA，额定漏电动作时间应大于 0.1s，但其额定漏电动作电流与额定漏电动作时间的乘积不应大于30mA·s。

二、单选题

1. 检修电器线路时，应在此线路的（　　）处挂上明显的停电标示牌。检修完毕后应由检修负责人清点人员、工具等，并撤去停电牌方可送电。

A. 开关　　　　　　　　　　B. 总配电箱

C. 工作地点　　　　　　　　D. 漏电保护器

【答案】A

【解析】电器线路检修时，在线路的开关处挂上明显的停电标示牌，可防止有人误操作，引发触电事故。

2. 室内非埋地明敷主干线距地面高度不得小于（　　）m。

A. 1.8　　　　　　　　　　B. 2.0

C. 2.5　　　　　　　　　　D. 2.8

【答案】C

【解析】《施工现场临时用电安全技术规范》JGJ 46—2005 第7.3.3条规定：室内非埋地明敷主干线距地面高度不得小于2.5m。

3. 插头与插座应按规定正确接线，插座的保护接地极在任何情况下都必须单独与保护零线可靠连接。（　　）在插头（座）内将保护零线与工作零线连接在一起。

A. 可以　　　　　　　　　　B. 必须

C. 根据使用情况　　　　　　D. 严禁

【答案】D

【解析】《施工现场临时用电安全技术规范》JGJ 46—2005 第5.1.4条规定：在TN接零保护系统中，PE零线应单独敷设，严禁与N线相连接。

4. 临时用电开关箱中漏电保护器的额定漏电动作电流不应大于（　　），额定漏电动作时间不应大于（　　）。使用于潮湿或有腐蚀介质的场所的漏电保护器应采用防溅型产品，其额定漏电动作电流不应大于15mA，额定漏电动作时间不应大于0.1s。

A. 30mA，0.1s　　　　　　B. 30mA，0.2s

C. 15mA，0.2s   D. 15mA，0.1s

【答案】A

【解析】《施工现场临时用电安全技术规范》JGJ 46—2005
第8.2.10条规定：临时用电开关箱中漏电保护器的额定漏电动
作电流不应大于30mA，额定漏电动作时间不应大于0.1s。使用
于潮湿或有腐蚀介质的场所的漏电保护器应采用防溅型产品，其
额定漏电动作电流不应大于15mA，额定漏电动作时间不应大
于0.1s。

三、多选题

1. 下列说法正确的是（　　）

A. 保护零线应采用绿/黄双色线。

B. 同一台设备重复接地与防雷接地公用接地体时接地电阻
   应满足重复接地电阻值要求。

C. 停电作业1h以上时，应将动力开关断电上锁。

D. 工作零线与保护零线应接在一起。

E. 配电箱、开关箱应装设在干燥、通风及常温场所。

【答案】ABCE

【解析】《施工现场临时用电安全技术规范》JGJ 46—2005
第5.1.11条规定：PE线颜色为绿/黄双色线；第5.4.7条规定：
同一台设备重复接地与防雷接地公用接地体时接地电阻应满足重
复接地电阻值要求；第8.3.6条规定：停电作业1h以上时，应
将动力开关断电上锁；第5.1.4条规定：PE零线严禁与N线相
连接；第8.1.5条规定：配电箱、开关箱应装设在干燥、通风及
常温场所。

2. 下列特殊场所应选用安全特低电压照明器（　　）。

A. 隧道、人防、高温、有导电灰尘、比较潮湿或灯具距地
   面高度低于2.5m等场所的照明，电源电压不得大
   于36V。

B. 潮湿和易触及带电场所的照明，电源电压不得大于24V。

C. 特别潮湿场所、导电良好的地面、锅炉或金属容器内的

照明，电源电压不得大于 18V。

    D. 隧道、人防、高温、有导电灰尘、比较潮湿或灯具距地面高度低于 2.5m 等场所的照明，电源电压不得大于 48V。

    E. 特别潮湿场所、导电良好的地面、锅炉或金属容器内的照明，电源电压不得大于 12V。

【答案】ABE

【解析】《施工现场临时用电安全技术规范》JGJ 46—2005 第 10.2.2 条规定：

下列特殊场所应选用安全特低电压照明器：

（1）隧道、人防、高温、有导电灰尘、比较潮湿或灯具距地面高度低于 2.5m 等场所的照明，电源电压不得大于 36V；

（2）潮湿和易触及带电场所的照明，电源电压不得大于 24V；

（3）特别潮湿场所、导电良好的地面、锅炉或金属容器内的照明，电源电压不得大于 12V。

第二章　基　础　知　识

一、判断题

1. 电阻元件的阻值是越串越大，而电容元件的容量是越串越小。

【答案】正确

【解析】在电阻串联回路中，$R_总 = R_1 + R_2 + R_3 + \cdots + R_n$，在电容回路中 $1/C_总 = 1/C_1 + 1/C_2 + \cdots + 1/C_n$

根据以上计算公式可以肯定本题是正确的。

2. 因为电压的单位和电位的单位都是伏特，所以电压与电位的含义是相同的。

【答案】错误

【解析】电位的定义：电位即电势，是衡量电荷在电路中某点所具有能量的物理量。电压：也称作电势差或电位差，是衡量单位电荷在静电场中由于电势不同所产生的能量差的物理量。电位与电压的含义是不同的。

3. 按照国家计量局发布的《中华人民共和国强制检定的工作计量器具明细目录》和《计量器具分类管理办法》的规定，我们所使用的兆欧表（绝缘电阻测量仪）、接地电阻测量仪均属B类。

【答案】错误

【解析】在国家计量局发布的明细目录中这两种仪器属于A类。

4. 在电容串联电路中，电容量越大的电容其两端电压越高。

【答案】错误

【解析】电容器串联时各电容器上所分配的电压与其电容量成反比。即 $U_n = Q/C_n$（因为在电容器串联电路中，每个电容器上所带的电荷量都相等，所以电容量越大的电容器分配的电压越低，电容量越小的电容器分配的电压越高。）

5. 电压表与电流表的最大区别在于表头内阻不同。

【答案】正确

【解析】电流表表头内阻非常小，串联在被测电路中测量时，对电流的实际值影响非常小，而电压表表头内阻非常大，并联在被测电路中测量电压时，由于内阻非常大，对电压的实际值影响很小。

二、单选题

1. 根据物质的导电性能，常把物质分为（　　　）三种类型。

A. 有色金属、黑色金属、非金属

B. 导体、半导体、绝缘体

C. 橡胶、塑料、瓷器

D. 金属材料、绝缘材料、橡胶材料

【答案】B

【解析】根据物质的导电性能划分，常把物质分为导体、半

导体和绝缘体

2. 导体两端的电压和通过导体的电流的比值叫做（　　）。

A. 电导　　　　　　　　　B. 电流

C. 电阻　　　　　　　　　D. 电感

【答案】C

【解析】根据欧姆定律：在同一电路中，通过某一导体的电流跟这段导体两端的电压成正比，跟这段导体的电阻成反比。变形公式就是 $R=U/I$。

3. 交流电流表与电压表指示的数值，是反映该交变量的（　　）。

A. 最大值　　　　　　　　B. 平均值

C. 有效值　　　　　　　　D. 最小值

【答案】C

【解析】按国家标准规定，在没有特别注明的情况下，交流电压表和电流表都是以有效值来刻度和展示的。

4. 两个电容量分别为 $10\mu F$ 和 $15\mu F$ 的电容器串联使用，其总等效电容值为（　　）μF。

A. 6　　　　　　　　　　　B. 12.5

C. 30　　　　　　　　　　　D. 25

【答案】A

【解析】根据电路中串联电容的计算公式：$1/C=1/C_1+1/C_2$，得出的 $C=6$。

5. 三个阻值相等的电阻并联时，其等效电阻应是（　　）。

A. 三个电阻之和　　　　　B. 三个电阻的乘积

C. 某个电阻的三分之一　　D. 三个电阻平均值

【答案】C

【解析】根据并联电阻计算公式：$1/R_总=1/R_1+1/R_2+1/R_3$，由于三个电阻等值，$R=1/3R_1$。

6. 电缆沟的深度，应使电缆表面距地面不小于（　　）m。

A. 0.6　　　　　　　　　　B. 0.7

C. 1   D. 1.5

【答案】B

【解析】《电气装置安装工程电缆线路施工及验收规范》GB 50168—2006 中 5.2.2 款第一条：电缆表面距地面的距离不应小于 0.7m。

7. （　　）是表现电气工程中设备的某一部分的具体安装要求和做法的图纸。

A. 详图   B. 电气平面图

C. 设备布置图   D. 系统图

【答案】A

三、多选题

1. 电工仪表中按误差等级不同分为 0.1、（　　）、2.5 级和 4 级共七个等级。

A. 0.2 级   B. 0.5 级

C. 1.0 级   D. 1.5 级

E. 2 级

【答案】ABCD

【解析】电工仪表按误差等级不同分为 0.1 级、0.2 级、0.5 级、1.0 级、1.5 级、2.5 级和 4 级共七个等级。

2. 关于常用电工工具、仪表下列说法正确的是（　　）。

A. 根据测量机构划分电工仪表分为磁电系、电磁系、电动系和感应系。

B. 剥线钳是用来剥削截面为 10mm² 以下的塑料或橡皮电线端部的表面绝缘层。

C. 电动系仪表常用来进行交流电量的精密测量。

D. 常用的感应仪表是电能表。

E. 试电笔是可用来检验高低压导体和电气设备的金属外壳是否带电的安全用具

【答案】ACD

【解析】剥线钳是用来剥削截面为 6mm² 以下的塑料或橡皮

电线端部的表面绝缘层所以 B 是错误的。试电笔是可用来检验低压导体和电气设备的金属外壳是否带电的安全用具所以 E 是错误的。

3. 电路的三种状态具体是指(　　　)。

A. 通路　　　　　　　　　　B. 短路

C. 回路　　　　　　　　　　D. 断路

【答案】ABD

四、简答题

1. 简述照明平面图和照明系统图的作用。

【答案】照明平面图的作用是表明：（1）线路的敷设位置、敷设方式；（2）灯具、开关、插座、配电箱的安装位置、安装方法、标高等。系统图的作用是表明：（1）照明的安装容量、计算负荷；（2）导线的型号、根数、配线的方式、管径；（3）配电箱、开关、熔断器的型号、规格等。

2. 混凝土暗配管施工中应注意哪些事项？

【答案】（1）应当在浇筑混凝土前（预制板可在铺设后），将一切管路、接线盒和电机、电器、配电箱（盘）的基础安装部分等全部配好；（2）钢管的外径若超过混凝土厚度的 1/3 时，不可将配管埋在混凝土内；（3）主钢筋若是一个方向时，尽可能使钢管与主钢筋平行；（4）管口、箱盒处应做好堵塞措施；（5）在混凝土浇筑时，为防止管子和接线盒移位及塑料配管防止断裂，必须对其加以固定和加强监护。

第三章　高低压电器控制、防护系统安装

一、判断题

1. 电缆敷设时，直埋电缆在一般建筑物下的埋设深度不小于 0.5m。

【答案】正确

【解析】地下直埋电缆在一般建筑物下的埋设深度不小于

0.5m，较松软的或周边环境较复杂的，如耕地、建筑施工工地或道路等，要有一定的埋设深度（0.7～1m），以防直埋电缆受到意外损害。

2. 电缆附件的常用种类有户内和户外两种。

【答案】错误

【解析】电缆附件的常用种类有两种：（1）热缩材料电缆附件；（2）冷缩材料电缆附件。

3. 母线平置时，贯穿螺栓应由下往上穿，其余情况下，螺母应置于维护侧，螺栓长度宜露出螺母 3～5mm。

【答案】正确

【解析】母线平置时，贯穿螺栓应由下往上穿，其余情况下，螺母应置于维护侧，螺栓长度宜露出螺母 3～5mm。贯穿螺栓连接的母线两外侧均应有平垫圈，相邻螺栓垫圈间应有 3mm 以上的净距，螺母侧应装有弹簧垫圈或锁紧螺母。

4. 负荷开关是介于隔离开关和断路器之间的一种开关电器。

【答案】正确

【解析】负荷开关是介于隔离开关和断路器之间的一种开关电器，具有简单的灭弧装置，能切断额定负荷电流和一定的过载电流，但不能切断短路电流。

5. 接地体和接地网引出线焊成闭合回路后可以不做防腐处理。

【答案】错误

【解析】接地体和接地网引出线焊成闭合回路后应做防腐处理。应按要求回填土方同时引出线严禁回填。

6. 六氟化硫断路器不应在现场解体检查，当有缺陷必须在现场解体时，应经制造厂同意，并在厂方人员指导下进行。

【答案】正确

【解析】六氟化硫断路器不应在现场解体检查，当有缺陷必须在现场解体时，应经制造厂同意，并在厂方人员指导下进行。六氟化硫断路器的安装，应在无风沙、无雨雪的天气下进行。灭弧室检查组装时，空气相对湿度应小于 80%，并采取防尘、防潮措施。六氟化硫断路器外观油漆应完整，相色标志正确，接地良好。

7. 隔离开关没有灭弧装置，除了能开断很小的电流外，不能用来开断负荷电流，更不能开断短路电流。

【答案】正确

8. 互感器分为电压互感器和电流互感器两大类。

【答案】正确

二、单选题

1. 负荷开关在合闸调试过程，（   ）应可靠地与主刀刃接触；分闸时，三相的灭弧刀片应同时跳离固定灭弧触头。

A. 电路   B. 弧触头

C. 主固定触头   D. 动弧触头

【答案】C

【解析】负荷开关调试过程中，在负荷开关合闸时，主固定触头应可靠地与主刀刃接触；分闸时，三相的灭弧刀片应同时跳离固定灭弧触头。

2. 隔离开关调试时，水平转动隔离开关人工操作机构的手柄，操作机构带动隔离开关操作轴转动（   ），使隔离开关一支柱绝缘子转动，达到分闸和合闸的目的。

A. 80°   B. 70°

C. 90°   D. 120°

【答案】C

【解析】水平转动隔离开关人工操作机构的手柄，操作机构带动隔离开关操作轴转动 90°，使隔离开关一支柱绝缘子转动，通过调节螺杆带动另一支柱绝缘子转动，达到使支柱绝缘子上方的左、右导电部分同时进行分闸和合闸的目的。

3. 六氟化硫断路器安装完成后应做操动机构的联合动作，在联合动作前，六氟化硫断路器内必须充有额定压力的（   ）气体。

A. 二氧化碳 B. 真空

C. 四氯化碳 D. 六氟化硫

【答案】D

【解析】六氟化硫断路器安装完成后应做操动机构的联合动作，在联合动作前，六氟化硫断路器内必须充有额定压力的六氟化硫气体。充加 SF6 气体时，应采取措施，防止 SF6 气体受潮。充完 SF6 气体后，用检漏仪检查管接头和法兰处，不得有漏气现象。

4. 电压互感器二次接线板应完整，引线端子应连接牢固，绝缘良好，标志清晰，二次侧不允许( )。

A. 保护接零 B. 保护接地

C. 短路 D. 重复接地

【答案】C

【解析】电压互感器安装时变比分接头的位置和极性应符合规定。二次接线板应完整，引线端子应连接牢固，绝缘良好，标志清晰，二次侧不允许短路。

5. 电流互感器( )不能接反，相序、相别应符合设计及规程要求，对于差动保护用的互感器接线，在投入运行前必须测定两臂电流相量图以检验接线的正确性。

A. 相序 B. 极性

C. 并联 D. 短路

【答案】B

【解析】电流互感器极性不能接反，相序、相别应符合设计及规程要求，对于差动保护用的互感器接线，在投入运行前必须测定两臂电流相量图以检验接线的正确性。

6. 避雷器安装完成后须测量避雷器的绝缘电阻，其目的在于初步检查避雷器内部是否受潮，有并联电阻者可检查其通、断、接触和老化等情况。对 35kV 及以下的用( )V 兆欧表。

A. 500 B. 5000

C. 1000 D. 2500

【答案】D

【解析】避雷器安装完成后测量避雷器的绝缘电阻，目的在于初步检查避雷器内部是否受潮；有并联电阻者可检查其通、断、接触和老化等情况。对35kV及以下的用2500V兆欧表；对35kV及以上的用5000V兆欧表；低压的用500V兆欧表测量。

7. 高压开关柜安装完成后，柜体接地应良好，每个部件的金属构架均应可靠接地，柜内有明显的接地标志，接地线应采用（　　）做接地线；接地线截面应满足动、热稳定要求。

A. 铜牌　　　　　　　　　　B. 电缆

C. 裸铜线　　　　　　　　　D. 黄绿相间色导线

【答案】C

【解析】高压开关柜安装完成后的检查要求是：检查接地开关质量与机构的联动正常，无卡阻现象；触头接触良好，表面涂有薄层电力复合脂；转动部分灵活无卡阻现象。柜体接地良好，每个部件的金属构架均应可靠接地，柜内有明显的接地标志，接地线应用裸铜线，接地线数量、接地位置应符合设计图纸要求，接地线截面应满足动、热稳定要求。

8. 电力电缆（　　）在管道上面或下面平行敷设。

A. 严禁　　　　　　　　　　B. 可以

C. 跨越　　　　　　　　　　D. 交叉

【答案】A

【解析】电力电缆严禁在管道上面或下面平行敷设。

9. 高压开关柜内二次回路结线应按图施工，接线正确。导线与电气元件间采用螺栓连接、插接、焊接或压接等，均应牢固可靠。盘、柜内的导线不应有（　　），导线芯线应无损伤。

A. 损伤　　　　　　　　　　B. 裸露

C. 接头　　　　　　　　　　D. 中间接头

【答案】C

【解析】高低压开关柜内二次回路结线应按图施工，接线正确。导线与电气元件间采用螺栓连接、插接、焊接或压接等，均应牢固可靠。盘、柜内的导线不应有接头，导线芯线应无损伤。

10. 当灯具重量大于(　　)kg 时，应固定在螺栓或预埋吊钩上。

A. 2　　　　　　　　　　　　B. 3

C. 2.5　　　　　　　　　　　D. 5

【答案】B

【解析】轻型灯具直接固定在吊顶龙骨上，超过 3kg 的灯具需要设置灯具吊杆，吊杆采用 φ8 的镀锌圆钢丝杆。

三、多选题

1. 软母线的悬挂和连接用的线夹主要有(　　)、并沟线夹和设备线夹等。

A. T 型线夹　　　　　　　　B. U 型线夹

C. 耐张线夹　　　　　　　　D. 并联线夹

E. 悬垂线夹

【答案】ACE

【解析】软母线压接时，为确保压接后的握着力符合要求，避免伸入长度不够而将设备线夹压扁，要求导线按要求长度伸入线夹内。软母线的悬挂和连接用的线夹主要有 T 型线夹、耐张线夹、悬垂线夹、并沟线夹和设备线夹等。当软母线采用各种钢制螺栓型耐张线夹或悬垂线夹连接时，必须缠绕铝包带，其绕向应与外层铝胶的旋向一致，两端露出线夹口不应超过 10mm，且其端口应放回到线夹内压住。

2. 断路器具有(　　)保护功能，有保护线路和电源的能力。

A. 接通　　　　　　　　　　B. 分断

C. 过载　　　　　　　　　　D. 欠电压

E. 短路

【答案】CDE

【解析】断路器是控制电气回路的分合开关，若以空气为灭弧介质的称空气断路器（开关）、若以 SF6 气体为灭弧介质的称六氟化硫断路器（开关）。断路器一般以额定电流（负荷）做为

189

电气回路的总开关使用。断路器是能够开断、承载正常回路条件下的电流并能在规定的时间内承载和开断异常回路条件下的电流的开关装置。其具有过载、短路和欠电压保护功能，有保护线路和电源的能力。

3. 互感器分为（　　　）两大类。

A. 电压互感器　　　　　　B. 电流互感器

C. 高压互感器　　　　　　D. 低压互感器

E. 零序互感器

【答案】AB

【解析】互感器分为电压互感器和电流互感器两大类，其主要作用有：将一次系统的电压、电流信息准确地传递到二次侧相关设备；将一次系统的高电压、大电流变换为二次侧的低电压（标准值）、小电流（标准值），使测量、计量仪表和继电器等装置标准化、小型化，并降低对二次设备的绝缘要求；将二次侧设备以及二次系统与一次系统高压设备在电气方面很好地隔离，从而保证二次设备和人身的安全。

4. 高压断路器按其灭弧介质分为以下几个类型（　　　）。

A. 油断路器　　　　　　　B. 压缩空气断路器

C. SF6 断路器　　　　　　D. 空气断路器

E. 负荷开关

【答案】ACD

【解析】断路器是控制电气回路的分合开关，若以空气为灭弧介质的称空气断路器（开关）、若以 SF6 气体为灭弧介质的称六氟化硫断路器（开关）。若以绝缘油为灭弧介质的称油断路器。

5. 接地装置的焊接应采用搭接焊，扁钢与扁钢搭接为扁钢宽度的（　　　）倍，不少于（　　　）面施焊。

A. 2　　　　　　　　　　　B. 3

C. 4　　　　　　　　　　　D. 1

E. 6

【答案】AB

【解析】接地装置焊接的搭接长度,应符合扁钢与扁钢搭接为扁钢宽度的 2 倍,不少于 3 面施焊的要求。

四、案例题

1. 某建设施工厂房,主要施工内容包括:厂房建设、室内外道路、变配电系统、监控系统、电气安装系统、给排水系统、通信网络系统等工作。

施工中安全生产检查时发现如下情况:

(1) 室外 10kV 电力电缆(长度约 120m)在敷设时 6 名工人直接拖地面施放;

(2) 天棚临时照明顶灯单个重量 5kg,安装时工人直接用绳索捆绑在吊架上;

(3) 垂直接地极采用:50mm×50mm×5mm 普通角钢,长1.8m,垂直打入地下,顶部距室外地坪 1.2m;

请指出事件中的不妥之处:

【答案】(1) 人力敷设电缆时,应统一指挥控制节奏,每隔1.5~3m 有一人肩扛电缆,边放边拉,慢慢施放。机械施放电缆时,一般采用专用电缆敷设机并配备必要牵引工具,牵引力大小适当、控制均匀,以免损坏电缆。

(2) 当灯具重量大于 3kg 时,应固定在螺栓或预埋吊钩上。

(3) 常用的垂直接地体为直径 50mm、长 2.5m 的镀锌钢管或 L50mm×50mm×5mm 的镀锌角钢,为了减少外界温度变化对流散电阻的影响,埋入地下的垂直接地体上端距地面不应小于0.7m。对于敷设在腐蚀性较强的场所的接地装置,应根据腐蚀的性质,采用热镀锡、热镀锌等防腐蚀措施,或适当加大截面。

2. 某施工单位在施工变配电站工程,按合同要求安装配电站设备,目前发生如下状况:为赶进度,在未采取任何措施的情况下,作业组长就带领作业人员直接在地面上放导线;避雷针树立起后接地引下线与接地极用铁丝简单捆绑在一起;变电站安装采用的紧固螺栓为普通螺栓。请指出题目中的不妥之处:

【答案】(1) 导线放线时应采用制动式放线架,活嘴线夹牵引，张力展放，匀速缓慢操作，防止导线发生扭绞，导线不得与地面摩擦，不得有导线有扭结、断股和明显松股等。地面宜用地板革或地毯做全长保护，防止导线损伤。

（2）避雷针固定牢靠后，与接地干线要可靠焊接并做防腐处理。

（3）所有紧固螺栓均应采用镀锌件，螺栓露扣长度一致，在2～5扣之间。

第四章　变压器安装

一、判断题

1. 变压器的一次、二次引线连接，不应使变压器的套管直接承受应力。

【答案】正确

2. 变压器吊装时，索具必须检查合格，运输路径应平整良好。根据变压器自身重量及吊装高度，决定采用何种搬运工具进行装卸。

【答案】正确

3. 变压器的相位应与电网的相位一致。

【答案】正确

4. 变压器及其附件外壳需要接地，但其他非带电金属部件可不接地。

【答案】错误

【解析】变压器及其附件外壳需要接地，其他非带电金属部件也需接地。

5. 变压器是一种运动的电气设备，它利用电磁感应原理将一种电压等级的交流电转变成同频率的另一种电压等级的交流电。

【答案】错误

【解析】变压器是一种静止的电气设备。

6. 变压器的交接试验应由当地供电部门许可的有资质许可证件的试验室进行。试验标准应符合现行国家施工验收规范的规定，以及生产厂家产品技术文件的有关规定。

【答案】正确

7. 三相芯式变压器的铁芯必须接地，且只能有一点接地。

【答案】正确

【解析】三相芯式变压器的铁芯接地是为了消除运行时铁芯与其他金属构件间因存在"悬浮电位"产生的差值而引起放电损坏。三相芯式变压器的铁芯若多点接地，在这些点上会形成环流，产生局部过热，长时间运行引发铁芯发热。

二、单选题

1. 室内变压器就位时，其方位和距墙尺寸应与图纸相符，允许误差为±25mm，图纸无标注时，纵向按轨道就位，横向距墙不得小于(　　)mm，距门不得小于(　　)mm。

A. 800，1200　　　　　　　　B. 1000，800

C. 800，1000　　　　　　　　D. 900，1000

【答案】C

【解析】室内变压器就位时，其方位和距墙尺寸应与图纸相符，允许误差为±25mm，图纸无标注时，纵向按轨道就位，横向距墙不得小于800mm，距门不得小于1000mm。

2. 变压器搬运过程中，不应有冲击或严重震动情况，利用机械牵引时，牵引的着力点应在变压器重心以下，以防倾斜，运输倾斜角不得超过(　　)，防止内部结构变形。

A. 100°　　　　　　　　　　B. 150°

C. 120°　　　　　　　　　　D. 180°

【答案】B

【解析】变压器搬运过程中，不应有冲击或严重震动情况，利用机械牵引时，牵引的着力点应在变压器重心以下，以防倾斜，运输倾斜角不得超过150°，防止内部结构变形。

3. 我国工业用电频率规定为(　　)Hz，它的周期是0.02s。

A. 45   B. 50

C. 60   D. 55

【答案】B

【解析】我国工业用电频率规定为 50Hz，它的周期是 0.02s。

4. 变压器铁芯叠片间相互绝缘的最主要原因是降低（   ）损耗。

A. 无功   B. 涡流

C. 负载   D. 空载

【答案】B

【解析】变压器铁芯叠片间相互绝缘的最主要原因是降低涡流损耗。

5. 无励磁调压变压器在额定电压（   ）％范围内改变分接位置运行时，其额定容量不变。

A. ±4   B. ±5

C. ±6   D. ±7

【答案】B

【解析】无励磁调压变压器在额定电压±5％范围内改变分接位置运行时，其额定容量不变。

6. 变压器套管由带电部分和绝缘部分组成，绝缘部分分为两部分，包括外绝缘和（   ）。

A. 外绝缘   B. 长绝缘

C. 短绝缘   D. 内绝缘

【答案】D

【解析】变压器套管由带电部分和绝缘部分组成，绝缘部分分为两部分，包括外绝缘和内绝缘。

7. 变压器运行时各部件的温度是不同的，（   ）温度最高。

A. 铁芯   B. 变压器油

C. 绕组   D. 环境温度

【答案】C

【解析】变压器运行时各部件的温度是不同的，绕组温度最高。

8. 变压器是一种（　　）的电气设备，它利用电磁感应原理将一种电压等级的交流电转变成同频率的另一种电压等级的交流电。

A. 滚动　　　　　　　　B. 运动

C. 旋转　　　　　　　　D. 静止

【答案】D

【解析】变压器是一种静止的电气设备，它利用电磁感应原理将一种电压等级的交流电转变成同频率的另一种电压等级的交流电。

9. 对于油浸式变压器绕组和顶层油温升限值，A级绝缘材料在98℃时产生的绝缘损坏为正常损坏，绕组最热点与其平均温度之差为（　　）℃，保证变压器正常寿命的年平均气温是20℃，绕组温升限值为65℃。

A. 12　　　　　　　　　B. 13

C. 14　　　　　　　　　D. 15

【答案】B

【解析】对于油浸式变压器绕组和顶层油温升限值，A级绝缘材料在98℃时产生的绝缘损坏为正常损坏，绕组最热点与其平均温度之差为13℃，保证变压器正常寿命的年平均气温是20℃，绕组温升限值为65℃。

10. 多绕组变压器应对每个绕组的额定容量加以规定，其额定容量为（　　）。

A. 最大的绕组额定容量

B. 最小的绕组额定容量

C. 各绕组额定容量之和

D. 各绕组额定容量之平均值

【答案】A

【解析】多绕组变压器应对每个绕组的额定容量加以规定，

其额定容量为最大的绕组额定容量。

三、多选题

1. 变压器内部的高、低压引线是经绝缘套管引到油箱外部的，绝缘套管的作用包括（　　）。

A. 固定引线　　　　　　　B. 对地绝缘

C. 导通引线　　　　　　　D. 对地接地

E. 加强引线

【答案】AB

【解析】变压器内部的高、低压引线是经绝缘套管引到油箱外部的，绝缘套管的作用主要是固定引线、对地绝缘。

2. 变压器开箱检查人员应由（　　）代表组成，共同对设备开箱检查，并做好记录。

A. 建设单位　　　　　　　B. 施工安装单位

C. 供货单位　　　　　　　D. 土建施工单位

E. 监理单位

【答案】ABCE

【解析】变压器到达安装现场后要进行开箱检查，检查人员应由安装单位、建设单位、监理、供货单位等人员组成，共同检查验收变压器，检查包装是否完好，附、配件是否齐全，技术文件是否完整，规格型号是否符合设计要求。

3. 关于变压器油的作用，描述正确的是（　　）。

A. 变压器油是流动的液体，可充满油箱内各部件之间的气隙，排除空气

B. 变压器油本身绝缘强度比空气小，可降低变压器的绝缘强度

C. 变压器油在运行中还可以吸收绕组和铁芯产生的热量

D. 变压器油的作用是绝缘和冷却

E. 变压器油本身绝缘强度比空气高得多

【答案】ACDE

【解析】变压器油的主要作用：

（1）绝缘性能：增加变压器内各部件的绝缘强度。变压器油的绝缘强度较好，且有流动性，能充满变压器的各部件和任何空间，将空气排出，避免部件与空气接触受潮从而影响绝缘强度，使绕组与绕组之间，绕组与铁芯之间，绕组与油箱外壳之间保持良好的绝缘状态。

（2）散热性能：变压器油使变压器的铁芯和绕组之间得到冷却。变压器运行中，靠近绕组与铁芯的油受热后温度升高，体积膨胀，后因比重减小而上升，经冷却装置冷却后再进入变压器油箱的底部，从而形成油的循环。在循环过程中，其将热量散发给冷却装置，从而使铁芯和绕组得到冷却。

（3）防腐蚀性能：变压器油能使绝缘物（如木质等）保持原有的化学性能和物理性能，对金属（如钢铁等）起到防腐作用。

4. 变压器有多种分类方法，按照其用途，除电力变压器外一般还分为（　　）。

A. 仪用变压器　　　　　　B. 试验变压器

C. 特种变压器　　　　　　D. 主变压器

E. 副变压器

【答案】ABC

【解析】按照用途一般分为：电力变压器、仪用变压器、试验变压器、特种变压器。

5. 两台或多台变压器并联运行，必须满足的基本条件有（　　）。

A. 一次、二次侧额定电压相等

B. 阻抗和短路电压相等

C. 联结级别相同

D. 线圈线径相同

E. 容量相等

【答案】ABC

【解析】变压器并联运行的条件是：（1）各变压器一、二次侧的额定电压分别相等，即变比相同；（2）各变压器的联结组别必须相同；（3）各变压器的短路阻抗（或短路电压）标示值相等，且短路阻抗角也相等。

四、案例题

1. 某厂采购一台 SC13-125/10-10.5±5％/0.4kV 变压器，该设备由变压器厂直接送到厂区安装点后，由安装单位负责卸车安装。安装单位对该设备进行了如下检查：

（1）变压器规格、型号、容量是否符合设计要求；

（2）变压器附件，备件是否齐全，是否具有设备的相关技术资料文件，以及产品出厂合格证；

（3）检查变压器铭牌标注内容。

根据上述事项，回答下列问题：

（1）判断题

SC13-125/10-10.5±5％/0.4kV 变压器的额定容量是125kVA。（√）

（2）多选题

1）变压器附件除储油柜和气体继电器外一般还含有（①②③）。

①防潮呼吸器　②温度计　③电压切换装置　④湿度计
⑤油位计

2）变压器铭牌标注内容除制造厂名、额定容量、一、二次额定电压外一般还应标注（①②③）。

①一、二次额定电流　②阻抗　③接线组别　④质检人员
⑤出厂日期

3）标注在变压器的铭牌上的主要技术数据，主要包括：额定容量、额定电压及其分接、额定频率、绕组联结组以及额定性能数据（阻抗电压、空载电流、空载损耗和负载损耗）和总重。

2. 根据《电气装置安装工程电气设备交接试验标准》GB 50150—2016 规定新装变压器移交使用单位时，要进行交接试验，其中部分试验内容如下：

（1）测量线圈连同套管一起的直流电阻、绝缘电阻；

（2）检查所有分接头的变压比；

（3）三相变压器的联结组标号，线圈连同套管一起做交流耐压试验，试验全部合格；

（4）额定电压下的冲击合闸试验。

根据上述内容回答下列问题：

（1）判断题

1）变压器交接试验应当由当地供电部门许可的试验室进行。（✓）

2）试验标准除符合规范要求外，还应符合当地供电部门规定，及产品技术资料要求。（✓）

（2）多选题

在额定电压下对变压器的冲击合闸试验，应进行（①）次，每次间隔时间宜为 5min，应无异常现象。其中，750kV 变压器在额定电压下，第一次冲击合闸后的带电时间不应少于（⑤）min。

①5　②8　③35　④15　⑤30

第五章　旋转电机安装

一、判断题

1. 三相电机的转子和定子要同时通电才能工作。

【答案】错误

【解析】三相电机定子接线通电就可以工作。

2. 交流电机铭牌上的频率是此电动机使用的交流电源的频率。

【答案】正确

【解析】交流电机铭牌上的频率是此电机使用的交流电源的频率。

3. 对电机各绕组的绝缘检查，如测出绝缘电阻不合格，不允许通电运行。

【答案】正确

【解析】当低压电机绝缘电阻值低于 $0.5M\Omega$，高压电机绝缘电阻值低于 $1M\Omega/kV$，或高压电机吸收比小于 1.2 时均应进行干燥。

4. 电机运行时发出的沉闷声是电机在正常运行的声音。

【答案】错误

【解析】不平衡的电压加在电动机上，会产生三相电流的不对称，破坏旋转磁场的对称性，使电机发出低沉的嗡嗡声，机身也因此而振动，且易因电流不平衡，而造成电动机过热。

5. 电机异常发响发热的同时，转速急速下降，应立即切断电源，停机检查。

【答案】正确

【解析】电机过载运行，转速下降、电流增大、绕组温度随之升高，严重过载，将使电机停转，电流剧增，烧毁电机的定子或转子。所以应立即切断电源，停机检查。

6. 电机在正常运行时，如闻焦臭味，则说明电机转速过快。

【答案】错误

【解析】电机严重发热或过载时间较长，会引起绝缘受损而散发出绝缘漆的特殊气味。

7. 本来星形接法的电机能接成三角形长时间运行。

【答案】错误

【解析】注意的是，如果接成三角形，这时相电压升高到约 1.73 倍，长时间运行必然烧毁电机。

二、单选题

1. 电机铭牌内容主要有（　　）、频率、定子绕组的连接方法。

　　A. 电源电流　　　　　　　　B. 电源电压
　　C. 工作制　　　　　　　　　D. 接线组别

【答案】B

【解析】电机铭牌主要有电源电压、频率、定子绕组的连接方法等。

2. 电机在额定工作状态下运行，定子电路所加的( )叫额定电压。

A. 线电压   B. 相电压
C. 电动机启动电压   D. 耐压试验电压

【答案】A

【解析】电机在额定工作状态下运行，定子电路所加的线电压叫额定电压。

3. 国家标准规定凡( )kW 以上的电机均应采用三角形接法。

A. 4   B. 3
C. 7.5   D. 10

【答案】A

【解析】星形接法有助于降低绕组承受电压（220V），降低绝缘等级，降低启动电流。缺点是仅适用于小功率电机。4kW以下的电机大部分采用行星形接法，大于 4kW 的采用三角形接法。

4. 三相异步电机一般可以直接启动的功率为( )kW 以下。

A. 10   B. 7
C. 16   D. 22.5

【答案】B

【解析】三相异步电机一般可以直接启动的功率为 7kW 以下。

5. 同步电机的同步转速与( )的大小无关。

A. 负载   B. 频率
C. 级数   D. 额定电压

【答案】A

【解析】电网的频率不变，则稳态时同步电机的转速恒为常数而与负载的大小无关。

6. 直流电机修理后，其绕组绝缘电阻一般不低于( )MΩ。

A. 4   B. 0.5
C. 1   D. 4

【答案】B

【解析】低压电机绕组绝缘电阻一般不低于 0.5MΩ。

7. 严格来说，任何转子都应该用（　　）来消除不平衡的影响。

A. 动平衡   B. 静平衡
C. 高速平衡   D. 加固轴承

【答案】A

【解析】严格来说，任何转子都应该用动平衡来消除不平衡的影响。

8. 同步电机在运行时，滚动轴承的最高温度不得超过（　　）℃。

A. 75   B. 85
C. 95   D. 105

【答案】C

【解析】同步电机在运行时，滚动轴承的最高温度不得超过 95℃。

9. 电机运行时，要通过（　　）、看、闻等方法及时监视电动机。

A. 听   B. 记录
C. 吹风   D. 强制停机

【答案】A

【解析】电机运行时，要通过听、看、闻等方法及时监视电动机。

10. 对电机内部的赃物及灰尘清理，应（　　）。

A. 湿布抹擦

B. 布上沾汽油、煤油等抹擦

C. 用铜板捅

D. 用压缩空气吹或用干布抹擦

【答案】D

【解析】对电机内部的赃物及灰尘清理应用压缩空气吹或用干布抹擦。

三、多选题

1. 直流电机由（　　）两大部分组成。

A. 定子　　　　　　　　　　　B. 转子

C. 机座　　　　　　　　　　　D. 换相器

E. 风扇

【答案】AB

【解析】直流电机由定子、转子两大部分组成。

2. 主电机的定子常见故障有定子绕组的（　　）。

A. 相间短路　　　　　　　　　B. 单相接地

C. 匝间短路　　　　　　　　　D. 严重变形

E. 与转子卡死

【答案】ABC

【解析】电机的定子常见故障有定子绕组的相间短路、单相接地、匝间短路。

3. 当低压电动机绝缘电阻值低于 0.5MΩ，高压电动机绝缘电阻值低于 1MΩ/kV，或高压电动机吸收比小于 1.2h 均应进行干燥。干燥的常用方法有（　　）。

A. 火焰烘烤法　　　　　　　　B. 低电压干燥法

C. 高电压干燥法　　　　　　　D. 外部加热法

E. 自然晾干法

【答案】BD

【解析】电动机干燥的常用方法有低电压干燥法、外部加热法。

4. 当电动机有（　　）时，应做抽芯检查。

A. 出厂日期超过制造厂保证期限

B. 制造厂无保证期，出厂日期已超过一年

C. 经过一般检查或电气试验质量可疑

D. 电动机不能正常启动

E. 电动机过负荷运转停机后

【答案】ABC

【解析】当电动机出厂日期超过制造厂保证期限、制造厂无保证期、出厂日期已超过一年、经过一般检查或电气试验质量可疑时，应做抽芯检查。

四、案例题

引起电机定子绕组绝缘过快老化或损坏的原因有哪些？

【答案】主要原因有：

（1）电机散热条件脏污造成风道堵塞，导致电机温升过高过快，使绕组绝缘迅速老化；

（2）冷却器进水口堵塞，造成冷却水供应不足；

（3）电机长期过负荷运行；

（4）在烘干驱潮时，温度过高。

第六章 电梯安装

一、判断题

1. 机房的所有电气线路的配置及接地工作均已完成，各电气部件的金属外壳均有良好的接地装置，此时接地电阻须≤5Ω。

【答案】错误

【解析】机房的所有电气线路的配置及接地工作均已完成，各电气部件的金属外壳均有良好的接地装置，此时接地电阻须≤4Ω。

2. 用万用表的直流电压档检查整流器的直流输出电压是否正常时，要检查其与控制屏上的原已设定的极性是否一致，不然应予以更正。

【答案】正确

【解析】用万用表的直流电压档检查整流器的直流输出电压是否正常时，要检查其与控制屏上的原已设定的极性是否一致，不然应予以更正。

3. 电梯是服务于规定楼层的固定式升降设备。它具有 1 个轿厢，运行在至少两列垂直的倾斜角小于 25°的刚性导轨之间。

【答案】错误

【解析】电梯是服务于规定楼层的固定式升降设备。它具有 1 个轿厢，运行在至少两列垂直的倾斜角小于 15°的刚性导轨之间。

4. 电梯在完成所有慢速运行试验的情况下，电梯在所有电气安全保护及机械安全保护装置起作用下运行，因此电梯的快速运行也必将在所有安全保护装置起作用的情况下进行。

【答案】正确

【解析】电梯在完成所有慢速运行试验的情况下，电梯在所有电气安全保护及机械安全保护装置起作用下运行，因此电梯的快速运行也必将在所有安全保护装置起作用的情况下进行。

5. 检查电梯的电流、过载、弱磁、电压、安全回路各种元件接点或动作是否不正常时，要根据检查的情况排除故障。

【答案】正确

【解析】检查电梯的电流、过载、弱磁、电压、安全回路各种元件接点或动作是否不正常时，要根据检查的情况排除故障。

6. 合上总电源开关，用万用表检查控制屏中大型接线端子上的三相电源端子的电压是否为 380V，各相之电压是否一致，如电压正常则应观察相位继电器是否工作，如若未工作，说明引入控制屏的三相电源线相序不对，应予以调换其中两根电源线的位置。

【答案】正确

【解析】合上总电源开关，用万用表检查控制屏中大型接线端子上的三相电源端子的电压是否为 380V，各相之电压是否一致，如电压正常则应观察相位继电器是否工作，如若未工作，说明引入控制屏的三相电源线相序不对，应予以调换其中两根电源线的位置。

二、单选题

1. 电梯的电力控制系统指的是(　　)的系统。

A. 对电梯实行速度控制

B. 对电梯运行实行操纵和控制

C. 传输控制

D. 方向控制

【答案】B

【解析】电梯的电力控制系统指的是对电梯运行实行操纵和控制的系统。

2. 按照电梯部件的空间位置划分，不属于电梯组成部分的是(　　)。

A. 电梯机房　　　　　　　　B. 轨道

C. 井道　　　　　　　　　　D. 轿厢

【答案】B

【解析】按照电梯部件的空间位置划分，电梯由电梯机房、井道、轿厢和层站四部分构成。

3. 进行电梯不挂曳引钢丝绳的通电试验时需暂时断开信号指示灯和开门机电源的(　　)。

A. 熔断保险器　　　　　　　B. 行程开关

C. 断路器　　　　　　　　　D. 极限开关

【答案】A

【解析】暂时断开信号指示灯和开门机电源的熔断保险器。取下各熔断器的熔断芯，用3A的熔断丝临时代替。

4. 进行电梯不挂曳引钢丝绳的通电试验时须用万用表的(　　)检查整流器的直流输出电压是否正常。

A. 交流电压档　　　　　　　B. 直流电压档

C. 直流电流档　　　　　　　D. 交流电流档

【答案】B

【解析】用万用表的直流电压档检查整流器的直流输出电压是否正常，与控制屏上的原已设定的极性是否一致，不然应予以更正。

5. （　　）系统主要由曳引机、曳引钢丝绳、导向轮及反绳轮等组成。

A. 导向   B. 曳引

C. 门   D. 安全保护

【答案】B

【解析】曳引系统主要由曳引机、曳引钢丝绳、导向轮及反绳轮等组成。

6. 层门与轿门联动时，主动门即（　　）。

A. 手动门   B. 自动门

C. 层门   D. 轿门

【答案】D

【解析】层门与轿门联动时，主动门即为轿门。

7. 当轿厢运行速度达到限定值时能发出电信号并产生机械动作的安全装置是（　　）。

A. 安全钳   B. 限速器

C. 限速器断绳开关   D. 选层器

【答案】B

【解析】当轿厢运行速度达到限定值时能发出电信号并产生机械动作的安全装置是限速器。

8. 电梯最高层站楼面至井道顶面下最突出构件之间的垂直距离（　　）。

A. 制导行程   B. 顶层高度

C. 减速距离   D. 地坎间距

【答案】B

【解析】顶层高度是由顶层端站楼面至机房楼板或隔音层楼板下最突出构件之间的垂直距离。电梯的运行速度越快，顶层高度一般越高。

9. （　　）系统由操纵装置、位置显示装置、控制屏、平层装置、选层器等组成。

A. 电力拖动　　　　　　　　B. 曳引

C. 重量平衡　　　　　　　　D. 电力控制

【答案】D

【解析】电力控制系统主要由操纵装置、位置显示装置、控制屏、平层装置、选层器等组成。

10. 本层厅外开门功能，只有当轿厢(　　)时才能实现。

A. 起动　　　　　　　　　　B. 停在门区

C. 检修　　　　　　　　　　D. 司机操作

【答案】B

【解析】本层厅外开门功能，只有当轿厢停在门区时才能实现。

三、多选题

1. 电网供电正常，电梯没有快车和慢车。主要原因是(　　)。

A. 主电路或控制回路的熔断器熔体烧断

B. 电压继电器损坏，其他电路中安全保护开关的接点接触不良或损坏

C. 经控制柜接线端子至电动机接线端子的接线未接到位

D. 各种保护开关动作未恢复

【答案】ABCD

【解析】电网供电正常，电梯没有快车和慢车。主要原因：

1）主电路或控制回路的熔断器熔体烧断；

2）电压继电器损坏，其他电路中安全保护开关的接点接触不良或损坏；

3）经控制柜接线端子至电动机接线端子的接线未接到位；

4）各种保护开关动作未恢复。

2. 电梯轿厢到平层位置不停车。主要原因是(　　)。

A. 上、下平层感应器的干簧管接点接触不良，隔磁板或感应器相对位置尺寸不符合标准要求，感应器接线不良

B. 上、下平层感应器损坏

C. 控制回路出现故障

D. 上、下方向接触器不复位

【答案】ABCD

【解析】电梯轿厢到平层位置不停车。主要原因是：

1）上、下平层感应器的干簧管接点接触不良，隔磁板或感应器相对位置尺寸不符合标准要求，感应器接线不良。

2）上、下平层感应器损坏。

3）控制回路出现故障。

4）上、下方向接触器不复位。

3. 电梯主机不启动的原因有（　　）。

A. 钢丝绳打滑　　　　　　　　B. 闸未松开

C. 安全回路断　　　　　　　　D. 门未关好

【答案】BCD

【解析】电梯主机不启动的原因有闸未松开、安全回路断、门未关好。

4. 电梯常见的事故有（　　）。

A. 坠落事故　　　　　　　　　B. 剪切事故

C. 撞击事故　　　　　　　　　D. 被困事故

【答案】ABCD

【解析】电梯常见的事故有坠落事故、剪切事故、撞击事故、被困事故。

四、简答题

电气系统的故障分为哪几类？

【答案】电梯故障绝大多数是电气控制系统的故障。电气控制系统故障比较多的原因是多方面的，主要原因是电器元件质量和维修保养不合格。

电气系统的故障大致可以分为两类：

（1）电气回路发生的断路故障。电路中往往会发现电气元件入线和出线的压接螺钉松动或焊点虚焊造成电气回路断路或接触不良。断路时必须马上进行检查修理，接触不良久而久之会使引入或引出线拉弧从而烧坏接点和电器元件。

（2）短路故障。当电路中发生短路故障时，轻则会烧毁熔断器，重则烧毁电气元件，甚至会引起火灾。常见的原因有接触器或继电器的机械和电器连锁失效，产生接触器或继电器抢动而造成短路。接触器的主接点接通或断开时，产生的电弧使周围的介质击穿也会产生短路。电气元件绝缘材料老化、失效、受潮同样会造成短路。

第七章　其他动力设备电气设备安装

一、判断题

1. 空调设备、空调处理机试运转调整电流过载保护器时运行电流至少为 $95\%\sim100\%$。

【答案】错误

【解析】空调设备、空调处理机试运转调整电流过载保护器时运行电流至少为 $105\%\sim110\%$。

2. 数控柜中的信号地、强电地、机床地等应连接到公共接地点上，公共接地点再与大地相连。

【答案】正确

【解析】数控柜中的信号地、强电地、机床地等应连接到公共接地点上，公共接地点再与大地相连。

3. 冷水机组闭合供液管路中的电磁阀控制电路启动程序为：启动电磁阀，向蒸发器供液态制冷剂，将能量调节装置置于加载位置，并随着时间的推移，逐级增载。同时观察吸气压力，通过调节膨胀阀，使吸气压力稳定在 $0.4\sim0.6\mathrm{MPa}$。

【答案】错误

【解析】冷水机组闭合供液管路中的电磁阀控制电路启动程序为：启动电磁阀，向蒸发器供液态制冷剂，将能量调节装置置于加载位置，并随着时间的推移，逐级增载。同时观察吸气压力，通过调节膨胀阀，使吸气压力稳定在 $0.36\sim0.56\mathrm{MPa}$。

4.电器元器件的触点在闭合、分断电路或导线线头松动时会产生火花，因此可以根据火花的有无、大小等现象来检查电器元器件故障。

【答案】正确

【解析】电器元器件的触点在闭合、分断电路或导线线头松动时会产生火花，因此可以根据火花的有无、大小等现象来检查电器元器件故障。

5.锅炉上行程开关的位置，应在摆轮拨爪略超过棘轮槽的位置，下行程开关的位置应定在能使炉排前进60mm或活塞不到缸底为宜。

【答案】错误

【解析】锅炉上行程开关的位置，应在摆轮拨爪略超过棘轮槽的位置，下行程开关的位置应定在能使炉排前进80mm或活塞不到缸底为宜。

6.设备电路或电器元器件的故障大致归纳为短路、过载、断路、接地、接线错误、电器元器件的电磁及机械部分故障、元器件老化等七类。

【答案】正确

【解析】设备电路或电器元器件的故障大致归纳为短路、过载、断路、接地、接线错误、电器元器件的电磁及机械部分故障、元器件老化等七类。

二、单选题

1.我国供电制式输入电源电压和频率是交流(　　)V，单相，频率为50Hz。

A.110　　　　　　　　　　　B.220

C.380　　　　　　　　　　　D.500

【答案】B

【解析】我国供电制式中输入电源电压和频率是交流380V，三相；交流220V，单相，频率为50Hz。

2.机床电气控制系统发生故障时，寻找故障点往往需要进行仔细的检查。非常用的故障检查方法有( )。

A. 电压法　　　　　　　　　B. 电阻法

C. 短接法　　　　　　　　　D. 电流法

【答案】D

【解析】机床电气控制系统发生故障时，寻找故障点往往需要进行仔细的检查。常用的故障检查方法有电压法、电阻法、短接法。

3. 一般数控系统允许的电压波动范围为额定值的( )。

A. 80%～100%　　　　　　　B. 85%～100%

C. 85%～110%　　　　　　　D. 80%～110%

【答案】C

【解析】进行电源电压波动范围的确认时，要检查用户的电源电压波动范围是否在数控系统允许的范围之内。一般数控系统允许电压波动范围为额定值的 85%～110%，而欧美的一些系统要求更高一些。

4. 冷水机调试时要调节油压调节阀，使油压达到( )。

A. 0.5～0.7MPa　　　　　　B. 0.5～0.6MPa

C. 0.4～0.6MPa　　　　　　D. 0.4～0.5MPa

【答案】C

【解析】冷水机在调节油压调节阀时，要使油压达到 0.5～0.6MPa。

5. 消防泵直接起动异步电动机功率应小于( )。

A. 6kW　　　　　　　　　　B. 9kW

C. 7.5kW　　　　　　　　　D. 8.5kW

【答案】C

【解析】直接启动方式也叫全压启动，电机直接接额定电压起动。一般情况下，异步电动机的功率小于 7.5kW 时允许直接起动。

6. 锅炉的配电箱宜安装在锅炉的( )。

A. 上方　　　　　　　　　　B. 后方

C. 前方   D. 左侧

【答案】C

【解析】控制箱安装位置应在锅炉的前方，便于监视锅炉的运行、操作及维修。

7. 下列不属于电弧焊机的是(   )。

A. 手工弧焊机   B. 埋弧焊机

C. 气体保护弧焊机   D. 点焊机

【答案】D

【解析】电弧焊机又分为手工弧焊机（弧焊变压器、弧焊整流器和弧焊发电机）、埋弧焊机和气体保护弧焊机（不熔化极气体保护焊机和熔化极气体保护焊机）。

8. 如图所示，用双线示波器来观察二相之间的波形，二相在相位上相差(   )。

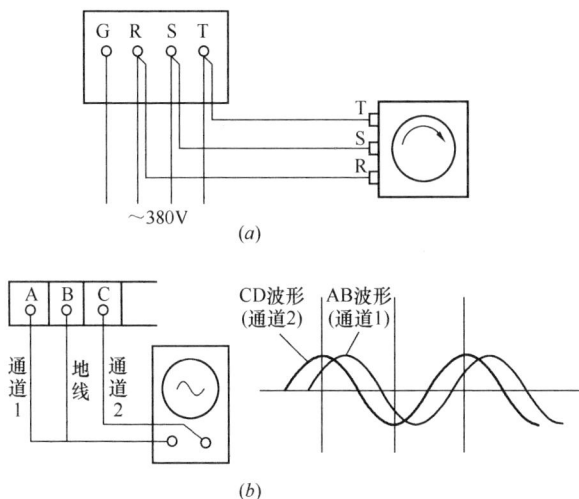

(a)

(b)

A. 60°   B. 90°

C. 120°   D. 180°

【答案】C

【解析】测量方法有两种，一种是用相序表测量，当相序接法正确时相序表按顺时针方向旋转，否则就是相序错误，这时可将 R，S，T 中任意两条线对调一下就行了。另一种是用双线示波器来观察二相之间的波形，二相在相位上相差 120°，如图 7-7 所示。

三、多选题

1. 数控机床按伺服控制方式可分为（　　　）。

A. 开环　　　　　　　　　　B. 闭环

C. 半闭环　　　　　　　　　D. 点位控制

E. 轮廓控制

【答案】ABC

【解析】数控机床按伺服控制方式可分为开环、闭环、半闭环。

2. 下列关于机床线路长接法说法正确的有（　　　）

A. 在两个以上触头同时接触不良时，局部短接法很容易造成判断错误，长短接法可避免误判

B. 使用长短接法，可把故障压缩到一个较小的范围

C. 短接法是用导线一次短接两个或多个触头查找故障的方法

D. 长接法只适用于检查连接导线及触头一类的断路故障，对线圈、绕组、电阻等断路故障

E. 对机床的某些重要部位，最好使用短接法，以免考虑不周，造成事故

【答案】AB

【解析】机床线路长接法有：1）在两个以上触头同时接触不良时，局部短接法很容易造成判断错误，长短接法可避免误判。2）使用长短接法，可把故障压缩到一个较小的范围。

3. 空调设备的控制、调节装置包括（　　　）等。

A. 压力传感器　　　　　　　B. 温度传感器

C. 温湿度传感器　　　　　　D. 流量传感器

E. 风量传感器

【答案】ABCD

【解析】空调设备的控制、调节装置包括压力传感器、温度传感器、温湿度传感器、空气质量传感器、流量传感器，执行器等。

四、简答题

空调设备的组成有哪些?

【答案】1) 空气处理设备：是对空气进行加热或冷却，加湿或除湿、空气净化处理等功能的设备。主要包括组合式空调机组、新风机组、风机盘管、空气热回收装置、变风量末端装置、单元式空调机等。组合式空调机组一般由新回风混合段、过滤段、冷却段、加热段、加湿段、送风段等组成。风机盘管主要由风机、换热盘管和过滤装置等组成。变风量末端装置目前国内常采用的有：串联与并联风机动力型和单风管节流型几种类型。

2) 空调冷源及热源：常用热源一般包括热水、蒸汽锅炉、电锅炉、热泵机组、电加热器串联等。空调冷源包括天然冷源及人工冷源，天然冷源利用自然界的冰、低温深井水等来制冷。目前常用的冷源设备包括电动压缩式和溴化锂吸收式制冷机组两大类。

3) 空调冷热源的附属设备：包括冷却塔、水泵、换热装置、蓄热蓄冷装置、软化水装置、集分水器、净化装置、过滤装置、定压稳压装置等。

4) 空调风系统：由风机、风管系统组成。风机包括送风、回风、排风风机，常用的风机有离心式和轴流式。风管系统包括：通风管道（含软接风管）、各类阀部件（调节阀、防火阀、消声器、静压箱、过滤器等）、末端风口等。

5) 空调水系统：由冷冻水、冷凝水、冷却水系统的管道、软连接、各类阀部件（阀门、电动阀门、安全阀、过滤器、补偿器等）、仪器仪表等组成。

6) 控制、调节装置：包括压力传感器、温度传感器、温湿度传感器、空气质量传感器、流量传感器，执行器等。

第八章　建筑智能化、特殊电气安装

一、判断题

1. 信息插座的每个孔都有一个 6 位/6 路插针。

【答案】错误

【解析】信息插座分为单孔和双孔，每孔都有一个 8 位/8 路插针。这种插座的高性能、小尺寸及模块化特点，为设计综合布线提供了灵活性。

2. 光纤在施工弯曲时允许超过最小的弯曲半径。

【答案】错误

【解析】光纤的纤芯是石英玻璃的，极易弄断，因此在施工弯曲时决不允许超过最小的弯曲半径。光纤的抗拉强度比电缆小，因此在操作光缆时，不允许超过各种类型光缆抗拉强度。

3. 引入室内或引出室外的光缆在出入口处可不加装防水弯。

【答案】错误

【解析】引入室内或引出室外的电（光）缆在出入口处应加装防水弯，以免雨水顺电（光）缆流入设备或监控台、柜。

4. 只有在断开所有光源的情况下，才能对光纤传输系统进行维护操作。

【答案】正确

【解析】光纤施工操作程序：1）在进行光纤接续施工或制作光纤连接器时，施工人员必须戴上眼镜和手套，穿上工作服，保持环境洁净；2）不允许观看已通电的光源、光纤及其连接器，更不允许用光学仪器观看已通电的光纤传输通道器件；3）只有在断开所有光源的情况下，才能对光纤传输系统进行维护操作。

5. 火灾自动报警系统的传输线路应采用铝芯绝缘线或铝芯电缆。

【答案】错误

【解析】火灾自动报警系统的传输线路应采用铜芯电缆。

二、单选题

1. 下面关于 DDC 箱的安装要求不正确的是( )。

A. DDC 箱安装高度应尽量与就近的低压控制柜一致,垂直偏差度应不大于 1.5mm

B. 柜内控制器、模块等应安装牢固,端子配线应正确,接触紧密

C. 安装机架面板,架前应留有 1m 空间,机架背面离墙面距离视其型号而定,便于安装和维护

D. DDC 箱控制回路安装完毕后,先用 500V 兆欧表检测线路通断,再用万用表对线路进行绝缘测量

【答案】D

【解析】1) DDC 箱安装应牢固,高度尽量与就近的低压控制柜一致,垂直偏差度应不大于 1.5mm,柜面标示完整清晰,漆面如有脱落应在验收前予以补漆。2) 柜内控制器、模块等应安装牢固,端子配线应正确,接触紧密,各种零件不得脱落或碰坏。3) 箱体开孔要合适,切口整齐。暗配 DDC 箱箱盖须紧贴墙面;零线经汇流排连接;无校接现象;油漆完整;箱内外清洁;箱面标牌正确;箱盖开关灵活;器件、回路编号齐全;端子排接线整齐;PE 线安装明显牢固。4) DDC 箱相关控制回路安装完毕后,应先用万用表检测线路通断,再用 500V 兆欧表对线路进行绝缘测量。

2. 对 DDC 箱相关控制回路的导线用 500V 兆欧表测量绝缘电阻,其对地绝缘电阻不应小于( )MΩ。

A. 10   B. 30

C. 20   D. 40

【答案】C

【解析】数字记忆题型,DDC 箱相关控制回路安装完毕后,先用万用表检测线路通断,再用 500V 兆欧表对线路进行绝缘测量,其对应的接地电阻不小于 20MΩ。

3. 下列不属于建筑物水平线缆布线方式的是( )。

A. 管道布线　　　　　　　　B. 吊顶内布线

C. 桥架布线

【答案】C

【解析】光缆布放形式有：1）通过弱电井垂直敷设；2）通过吊顶敷设光缆。

4. 探测器宜水平安装，当必须倾斜安装时，倾斜角不应大于(　　)。

A. 30°　　　　　　　　　　B. 45°

C. 60°　　　　　　　　　　D. 90°

【答案】B

【解析】探测器宜水平安装，当必须倾斜安装时，倾斜角不应大于 45°。

5. 火灾自动报警系统的传输线路采用绝缘导线时，应采取穿金属管、硬质塑料管、半硬质塑料管或封闭式线槽保护方式布线，优选穿(　　)，传输线路采用耐压不低于 250V 的铜芯绝缘多股电线。

A. 金属管　　　　　　　　B. 塑料管

C. 软管　　　　　　　　　D. 水管

【答案】A

【解析】本题为概念记忆题。火灾自动报警系统的传输线路应采用铜芯绝缘线或铜芯电缆，阻燃耐火性能应符合设计要求，其电压等级不应低于交流 250V。

6. 火灾报警器的传输线路应选择不同颜色的绝缘导线，探测器的"＋"线为(　　)，"－"线应为(　　)。

A. 红、蓝　　　　　　　　B. 蓝、红

C. 红、绿　　　　　　　　D. 蓝、绿

【答案】A

【解析】火灾报警器的传输线路应选择不同颜色的绝缘导线，探测器的"＋"线为红色，"－"线应为蓝色，其余线应根据不同用途采用其他颜色区分。但同一工程中相同用途的导线颜色应

一致，接线端子应有标号。

7. 控制台与机架间应有较宽的通道，其与落地式广播设备的净距一般不宜小于(　　)mm。

A. 1000 B. 1500

C. 2000 D. 2500

【答案】B

【解析】广播室的设备安装应考虑到维修的方便，设备间不应过分密集。控制台与机架间应有较宽的通道，与落地式广播设备的净距一般不宜小于1500mm。

8. 有线电视系统的施工顺序正确的是(　　)。

A. 放线→管槽安装→穿线放缆→终端插座、分配器安装→放大器安装→系统调试→工程交验

B. 放线→管槽安装→放大器安装→穿线放缆→终端插座、分配器安装→系统调试→工程交验

C. 放线→管槽安装→穿线放缆→放大器安装→终端插座、分配器安装→系统调试→工程交验

D. 放线→管槽安装→穿线放缆→放大器安装→系统调试→终端插座、分配器安装→工程交验

【答案】C

【解析】施工工艺流程如下：放线→管槽安装→穿线放缆→放大器安装→终端插座、分配器及分支器安装→系统调试→工程交验。

三、多选题

1. 综合布线系统大致上可以划分为六个子系统，包括(　　)。

A. 休息区子系统 B. 水平支干子系统

C. 垂直主干子系统 D. 设备间子系统

E. 建筑群子系统

【答案】BCDE

【解析】综合布线系统大致上可以划分为六个子系统，即：

工作区子系统，水平支干子系统，垂直主干子系统，管理子系统，设备间子系统，建筑群子系统。

2. 关于监控系统的接地与安全保护的下列说法正确的有（　　）。

A. 监控系统的接地宜采用一点接地方式，接地母线应采用铜质线

B. 系统采用专用接地装置时，其接地电阻不得大于 10Ω；采用综合接地网时，其接地电阻不得大于 5Ω

C. 各类摄像机的供电由监控室进入弱电井道时应独立加布电线管，接配电箱分支

D. 设置电源开关，熔断器或变压稳压装置保护时，金属管道可不必接地

E. 在高层建筑物屋顶装置监控设备时，应设置避雷保护装置。注意安全防护

【答案】ACE

【解析】1）监控系统的接地宜采用一点接地方式，接地母线应采用铜质线。接地线不得形成封闭回路，不得与强电的电网零线短接或混接。

2）系统采用专用接地装置时，其接地电阻不得大于 4Ω；采用综合接地网时，其接地电阻不得大于 1Ω。

3）各类摄像机的供电由监控室进入弱电井道时应独立加布电线管，接配电箱分支。

4）设置电源开关，熔断器或变压稳压装置保护时，金属管道应接地。

5）在高层建筑物屋顶装置监控设备时，应设置避雷保护装置，注意安全防护。

6）接地母线应铺放在地槽或电缆走道中央，并固定在架槽的外侧，母线应平整，不得有歪斜、弯曲，其表面应完整，光滑无毛刺。

3. 关于红外光束探测器的安装表述不正确的是（　　）。

A. 发射器和接收器应安装在两条不同的直线上

B. 光线通路上应避免出现运动物体，不应有遮挡物

C. 相邻两组红外光束感烟探测器水平距离应不大于 10m，探测器距侧墙的水平距离不应大于 5m，且不应小于 0.5m

D. 探测器光束距顶棚一般为 0.3～0.8m，且不得大于 1m

E. 探测器发出的光束应与顶棚水平，远离强磁场，暴露在阳光直射，底座应牢固地安装在墙上

【答案】ACE

【解析】红外光束探测器的安装应符合以下要求：

1）发射器和接收器应安装在一条直线上。

2）光线通路上应避免出现运动物体，不应有遮挡物。

3）相邻两组红外光束感烟探测器水平距离应不大于 14m，探测器距侧墙的水平距离不应大于 7m，且不应小于 0.5m。

4）探测器光束距顶棚一般为 0.3～0.8m，且不得大于 1m。

5）探测器发出的光束应与顶棚水平，远离强磁场，避免阳光直射，底座应牢固地安装在墙上。

四、简答题

1. 简介智能化系统的组成：

【答案】1）综合布线系统；2）有线电视系统；3）有线广播、音响系统；4）火灾自动报警系统；5）保安监控系统；6）门禁对讲系统；7）楼宇控制系统。

2. 爆炸性气体环境危险区域划分：

【答案】1）连续出现或长期出现爆炸性气体混合物的环境；2）在正常运行时可能出现爆炸性气体混合物的环境；3）在正常运行时不可能出现爆炸性气体混合物的环境或即使出现也仅是短时存在的爆炸性气体混合物的环境。

3. 有线电视系统施工工艺流程：放线→管槽安装→终端插座、分配器及分支器安装→放大器安装→穿线放缆→系统调试→工程交验。

请问是否合理？如不正确，请简述正确流程？

【答案】不正确。放线→管槽安装→穿线放缆→放大器安装→终端插座、分配器及分支器安装→系统调试→工程交验。

4.为检测某实验室的温湿度，甲安装人员为图省事把温湿度检测仪安装在实验室的窗户跟前1.8m位置，经过一段时间后发现检测数据有误，请分析原因，并叙述正确的安装方式。

【答案】温湿度检测仪安装在窗户跟前，且安装高度不足。

正确安装方式：应安装在远离阳光直射的位置，远离有较强振动、电磁干扰的区域，其位置不能破坏建筑外观的美观与完整性，室外形温、湿度传感器应有防风雨保护罩。应尽可能远离窗、门和出风口的位置，如无法避开则与之距离不应小于2m。并列安装的传感器，距地高度应一致，高度差不应大于1mm，同一区域内高度差不应大于5mm。

第九章 电气工程竣工验收与试运行

一、判断题

1.电气设备的外露可导电部分应单独与保护导体相连接，不得串联连接，并经检查合格。

【答案】正确

【解析】掌握对电气设备外露部分进行保护的正确的做法。

2.智能化建筑设备监控系统应检测接地电阻。

【答案】错误

【解析】掌握监控设备应检测的项目均为影响监控质量的项目。

3.电气工程在竣工验收时应对相应的检测数据按照一定的比例进行复查，当有第三方检测数据时，可以不再进行抽检。

【答案】错误

【解析】电气工程在竣工验收时必须进行复查，第三方检测数据是必须要有的。

二、单选题

1. 公共建筑照明系统通电连续试运行时间应为(　　)h。

A. 2 　　　　　　　　　　　　B. 8

C. 24 　　　　　　　　　　　　D. 48

【答案】C

【解析】公共建筑照明试运行时间要达到 24h。

2. 智能化系统中环境系统应检测(　　)。

A. 电压 　　　　　　　　　　　B. 电流

C. 温度 　　　　　　　　　　　D. 频率

【答案】C

【解析】智能化环境因素要知道包含哪些。

3. 按规定必须执行试运行的有(　　)。

A. 建筑电气动力工程的（负荷）试运行

B. 建筑电气照明工程的（负荷）试运行

C. 建筑电气照明工程的（空载）试运行

D. 建筑电气防雷工程的（负荷）试运行

【答案】C

【解析】掌握电气动力设备、照明设备运行对空载、负荷状态及防雷工程测试的要求。

4. 不属于智能化通信信息网络系统应检测的项目是(　　)。

A. 视频输出电平 　　　　　　　B. 语言清晰度

C. 局间接通率 　　　　　　　　D. 交流电压

【答案】D

【解析】掌握智能化各系统中应检测的项目。

三、多选题

1. (　　)必须按照《电气装置安装工程电气设备交接试验标准》GB 50150—2016 进行交接试验。

A. 高压的电气设备 　　　　　　B. 建筑电气照明系统

C. 建筑电气动力系统 　　　　　D. 布线系统

E. 继电保护系统

【答案】ADE

【解析】在工艺或工序完成后，应该进行交接，交接应该进行的试验应该掌握。

2. 电机空载试运行要满足（　　　）。

A. 空载试运行时间宜为 2h

B. 机身和轴承的温升应符合空载状态运行要求

C. 机身的电压应符合空载状态运行要求

D. 空载试运行时间宜为 1h

E. 机身的电流应符合空载状态运行要求

【答案】ABCE

【解析】对电机试运行要掌握试验要求。

四、案例题

某建筑物消防水泵安装完成，对电动机进行了 3h 带负荷试运行，所有参数符合要求，问题：

（1）试运行能满足验收要求吗？试运行参数有哪些？

（2）如不能满足要求，应该怎么进行试运行？

【答案】1）满足不了要求，应符合下列规定：空载试运行时间宜为 2h，机身和轴承的温升、电压和电流等应符合建筑设备或工艺装置的空载状态运行要求，并应记录电流、电压、温度、运行时间等有关数据。

2）空载状态下可启动次数及间隔时间应符合产品技术文件的要求；无要求时，连续启动 2 次的时间间隔不应小于 5min，并应在电动机冷却至常温下后进行再次启动。

参 考 文 献

[1] 姜桥.电子技术基础[M].北京：人民邮电出版社，2009，9.

[2] 赵静月.变压器制造工艺[M].北京：中国电力出版社，2009，4.

[3] 胡启凡.变压器试验技术[M].北京：中国电力出版社，2010，1.

[4] 张建一，李莉.制冷空调节能技术[M].北京：机械工业出版社，2011.

[5] 周立，张建润，孙庆鸿.热声制冷技术综述及其发展趋势[J].流体机械，2005(11)：83-87.

[6] 陈一才.智能建筑电气设计手册[M].北京：中国建材工业出版社，1999，8.

[7] 陆伟良.智能化建筑导论[M].北京：中国建材工业出版社，1996，6.

[8] 陆伟良.智能建筑主流技术展望[M].北京：中国建材工业出版社，1998，8.

[9] 祝敬国.空调节能与建筑智能化[M].北京：中国电力出版社，1999，12.

[10] 王永庆.智能原理与方法[M].西安：西安交通大学出版社，2002.

[11] 徐兴声.智能建筑的发展与可持续发展方向[J].建筑学报，1997(06)：20-22+65.

[12] 张瑞武.智能建筑[M].北京：清华大学出版社，1996.